Lagerstättentechnik

Hans-Dieter Voigt

Lagerstättentechnik

Berechnungsmethoden für das Reservoir Engineering

Springer

Hans-Dieter Voigt
Institut für Bohrtechnik und Fluidbergbau
TU Bergakademie Freiberg
Agricolastraße 22
09596 Freiberg
Deutschland
dieter.voigt@tbt.tu-freiberg.de

ISBN 978-3-642-21012-9 e-ISBN 978-3-642-21013-6
DOI 10.1007/978-3-642-21013-6
Springer Heidelberg Dordrecht London New York

Die Deutsche Nationalbibliothek verzeichnet diese Publikation in der Deutschen Nationalbibliografie; detaillierte bibliografische Daten sind im Internet über http://dnb.d-nb.de abrufbar.

Einbandentwurf: WMXDesign GmbH, Heidelberg

Gedruckt auf säurefreiem Papier

Springer ist Teil der Fachverlagsgruppe Springer Science+Business Media (www.springer.com)

Vorwort

Die hier vorliegenden Methoden zur Lagerstättentechnik sind als Einstieg oder auch als Hilfestellung für anwendungsorientierte junge Ingenieure gedacht. Längjährige praktische Erfahrung, Auseinandersetzung mit der Theorie und Anwendung in der Lehre sind in die Erarbeitung eingeflossen. Dabei wurden neben den häufig genutzten Methoden der Lagerstättentechnik auch fachübergreifende Themen der Fördertechnik aufgenommen. Diese Verbindung wird bei der Bearbeitung praktischer Aufgabenstellungen häufig benötigt.

Die theoretischen Hintergründe und Zusammenhänge werden so erläutert, wie es für das Verständnis und die sinnvolle Anwendung der Methoden erforderlich ist. Darauf aufbauend wurden Regieanweisungen entwickelt, die eine unmittelbare Anwendung ermöglichen.

Eine Vollständigkeit wurde nicht angestrebt und ist in einem überschaubaren Umfang auch nicht zu leisten. Mit dieser Zusammenstellung soll dem Nutzer der Start bei der Bearbeitung von Aufgaben leicht gemacht werden, um dann mit Freude die weitere Lösung der Probleme anzugehen zu können. Kritische Bemerkungen und Anregungen sind jederzeit sehr willkommen.

Danke für den herzlichen Zuspruch – *sapienti sat!*

Freiberg
im März 2011

H.-D. Voigt

Inhalt

Symbolverzeichnis

A	Fläche (m^2)
a	linearer Filtrationskoeffizient (Gas) ($Pa^2/(m^3/s)$)
b	„turbulenter" Filtrationskoeffizient (Gas) ($[Pa/(m^3/s)]^2$)
B	Formationsvolumenfaktor (m^3/m^3)
c	Kompressibilität (1/Pa)
c_p	spezifische Wärme (J/(kg K))
C	Nachproduktionskoeffizient (storage) (m^3/Pa)
C_A	Formfaktor des Drainagegebietes
D	Durchmesser (m)
d	Durchmesser (m)
dv	Dichteverhältnis Gas zu Luft
E	Exzentrizität (m)
F_{cD}	dimensionslose Fracleitfähigkeit
g	Erdbeschleunigung (m/s^2)
GIP	initiales Gasvolumen (m^3)
G_P	kumulativ produziertes Gasvolumen (m^3)
$G_Ü$	übergeströmtes Gasvolumen (m^3)
h	Schicht-, Formationsmächtigkeit (m)
K	OSWALD – Faktor (Ns^n/m^2)
k	Permeabilität (m^2)
k	Rohrrauhigkeit (m)
L	Länge (m)
L_f	Länge des Fracs (m)
l	Abstand zur linearen Störung (m)
M	Molmasse (kmol/kg)
$\dot{m}$	Massenstrom (kg/s)
n	Flüssigkeitsindex
p	Druck (Pa)
p_{Bf}	Bohrlochsohlenfließdruck (Pa)
p_{Bs}	statischer Schichtdruck (Pa)
Q	Förderrate (m^3/s)
Q_{kum}	kumulierte Förderrate (m^3)

R	äußerer Radius (m)
r	Radius (m)
r_B	Bohrungsradius (m)
r_E	externer Radius (m)
r_{Beff}	effektiver Bohrungsradius (m)
r_f	Radius des kreisrunden Fracs (m)
R_L	spezifische Gaskonstante für Luft (J/(kg K))
S	Skinfaktor
S	Exponent – siehe Gl. (9.5)
T	Temperatur (K)
T_A	Eingangstemperatur (K)
T_L	Bodentemperatur (K)
t	Druckaufbauzeit (s)
t_f	Fließzeit, Förderzeit (s)
V_g	gasgefülltes Porenvolumen (m^3)
V_w	wassergefülltes Porenvolumen (m^3)
v	Darcy-Geschwindigkeit (m/s)
W	eingeströmtes Wasservolumen (m^3)
w	Geschwindigkeit (m/s)
w_f	Fracweite (m)
Y	Druckabfallgeschwindigkeit (Pa/s)
x_i	Molanteil der Gaskomponete
z	Realgasfaktor
α	Steigung (Pa)
α_i, α_α	komplexe Wärmeübergangszahlen (WÜZ) (J/(sm^2K))
α_f	komplexe WÜZ zum Gebirge (J/(sm^2K))
β_T	Turbulenzkoeffizient (1/m)
$\dot{\gamma}$	Geschwindigkeitsgradient, Schergefälle (1/s)
ε	relative Exzentrizität (s. Abb. 10.5)
Θ	komplexe Rohrreibungsgröße ([Pa/(m^3/s)]^2)
λ	Rohrreibungskoeffizient
λ_f	Wärmeleitfähigkeit des Bodens (W/(mK))
μ	dynamische Viskosität (Pa s)
ρ	Dichte (kg/m^3)
t	Schubspannung (Pa)
ϕ	Porosität
ω	Geothermischer Gradient (K/m)

Indizes:

a	außen
äqu	äquivalent
B	Bohrung

BP	Blasenpunkt
C	Casing
D	dimensionslos
d	drainage
DB	dimensionslos, Bohrung
E	externe
eff	effektiv
f	fließend
f	Frac
g	Gas
h	horizontal
H	hydraulisch
i	initial
i	innen
Iso	Isolation
m	mittlere
max	maximal
N	Normbedingungen
P	perforiert
pc	pseudokritisch
pr	pseudoreduziert
quasi	quasi-stationär
RR	Ringraum
St	Standardbedingungen
St	Steigraum
t	total
v	vertikal
w	Wasser
z	vertikale Richtung

Einleitung

„Ich habe weniger Schwierigkeiten in der Entdeckung der Bewegung der Himmelskörper gefunden, ungeachtet ihrer erstaunlichen Entfernung, als in den Untersuchungen über die Bewegung des fließenden Wassers“ schrieb Galileo Galilei vor etwa 400 Jahren.

Seit dieser Zeit haben Mathematiker und Physiker vielfältige Grundlagen geschaffen, die Ingenieure nutzen konnten, um Untersuchungs- und Interpretationsmethoden für Strömungs- und Wärmeleitungsprobleme im Untergrund zu entwickeln. Auch wurden die Messverfahren ständig weiterentwickelt, um die Eigenschaften der strömenden Medien und des porösen Untergrunds besser charakterisieren zu können. Dieser Prozess wachsender Kenntnisse erfuhr in neuerer Zeit durch die Entwicklung von elektronischer präziser Messtechnik und den PC einen erheblichen Fortschritt. So können unter anderem geringste Druckänderungen zur Charakterisierung des Untergrundes gemessen werden, die nun durch analytische, halbanalytische oder numerische Verfahren mit überschaubarem Aufwand interpretierbar sind.

In diesem Buch ist eine Auswahl von Interpretationsverfahren für den Lagerstätteningenieur dargestellt, die für die Bearbeitung von Feldproblemen gedacht ist. Die Anwendung der dargestellten Methoden setzt mathematische und physikalische Kenntnisse voraus, wie sie in der Grundlagenausbildung eines Hochschulingenieurs vermittelt werden.

So wurden die Interpretationsmethoden für Öl-, Wasser- und Gastests, in vertikalen und horizontalen Bohrungen, ausgehend von den Modellvorstellungen, gezeigt. Methoden zur Analyse von hydraulischen Fracs, von Gestängetesten und Verfahren zur Bewertung von Reserven sind ebenfalls enthalten. Da praktische Probleme in der Lagerstättentechnik nahezu immer von komplexer Natur sind, wurden auch Methoden der Fördertechnik, wie Druck- und Temperaturberechnungen in Rohren aufgenommen.

Neben den Methoden wurde die Vorgehensweise und Technologie zur Durchführung von lagerstättentechnischen Felduntersuchungen erläutert und die Anwendung in vielen Beispielen demonstriert. Hierzu erforderliche Eigenschaften von Fluiden (Öl, Wasser, Erdgas und CO_2) und von porösen Materialien können Korrelationsdiagrammen im Kap. 15 entnommen werden.

Kapitel 1
Fluidströmung zu einer Bohrung

Mit der Strömung von Flüssigkeiten und Gasen oder sogar beiden zugleich hat sich ein Reservoir-Ingenieur ständig zu beschäftigen, deshalb sollen die Grundlagen bis zur Anwendung hier kurz dargestellt werden.

1.1 Strömungsmodell und Strömungszustände

Den Zustand einer fluidgesättigten Schicht, die von einer Bohrung aufgeschlossen ist, kann man gut mit dem zylindersymmetrischen Modell idealisiert beschreiben (Abb. 1.1).

Strömt nun Fluid aus der Schicht in das Bohrloch, so können in einem begrenzten Reservoir folgende Strömungszustände definiert werden (Abb. 1.2):

- Instationäre Strömung, wobei die Druckbeeinflussung mit zunehmender Zeit immer größere Bereiche der Schicht erfasst. Der Bohrlochsohlenfließdruck ist hierbei vom Radius und von der Zeit abhängig: $p_{Bf}=\mathrm{f}(r.t)$.
- Stationäre Strömung stellt sich ein, wenn am externen Rand des Drainagegebietes bei r_E der Druck konstant ist, d. h. $p_{Bs}=p_E=$konst. Es stellt sich dann ebenfalls ein konstanter Bohrlochsohlenfließdruck ($p_{Bf}=$konst.) ein.
- Quasi-stationäre oder pseudo-stationäre Strömung stellt sich ein, wenn der äußere Rand des Drainagegebietes geschlossen ist. Der Bohrlochsohlenfließdruck fällt hierbei mit der Zeit entsprechend der Materialbilanz im Drainagegebiet ab – $p_{Bf}=\mathrm{f}(t)$ – wobei die Form der Druckverteilung in der Schicht sich nicht ändert.

Diese Strömungszustände sind schematisch in Abb. 1.2 dargestellt.

1.2 Stationäre Strömung für Flüssigkeiten

Verwenden wir das Darcy-Gesetz (Darcy 1856) und die Randbedingungen an der Bohrung und am externen Rand des Drainagegebietes, so ergibt die Strömungsgleichung in folgender Weise:

H.-D. Voigt, *Lagerstättentechnik*,
DOI 10.1007/978-3-642-21013-6_1,

Abb. 1.1 Zylindersymmetrisches Modell einer vollständig geöffneten Schicht mit dichtem Liegenden und Hangenden

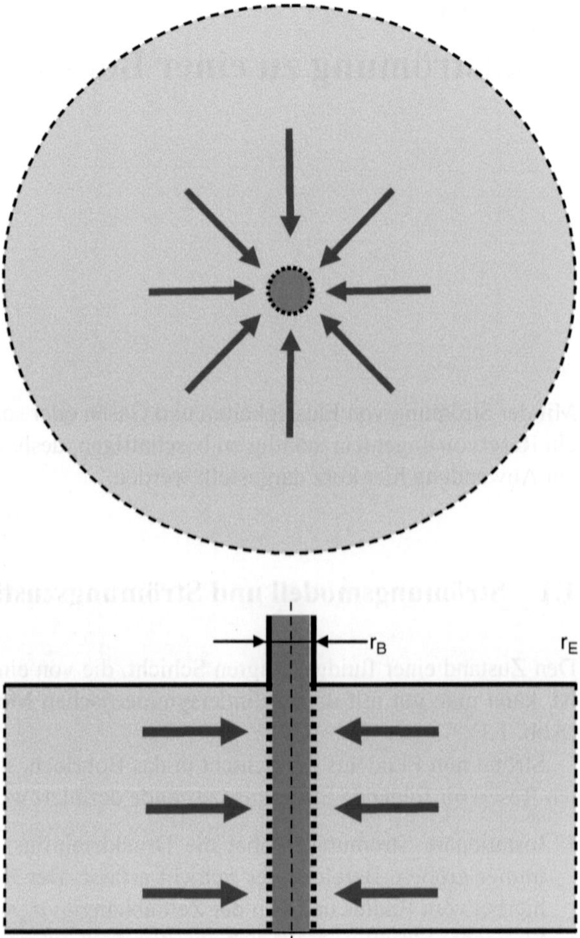

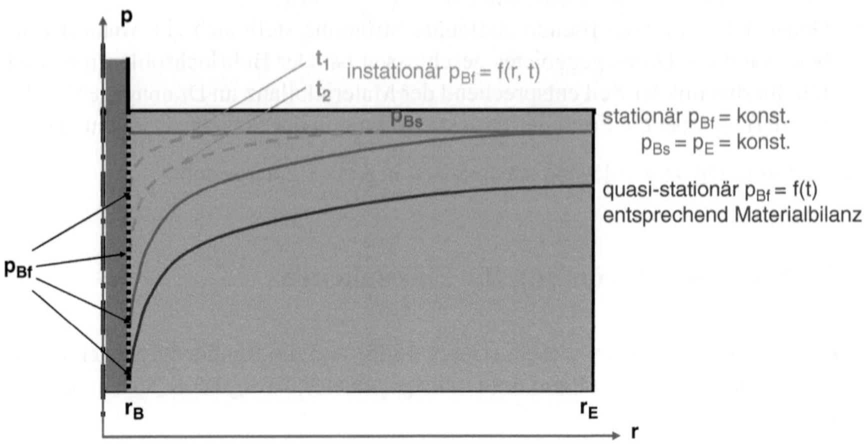

Abb. 1.2 Strömungszustände zu einer Bohrung

$$\text{Darcy-Gleichung:}\quad v = -\frac{k}{\mu}\frac{dp}{dr}, \qquad v \cdot A = Q = -\frac{k \cdot 2\pi hr}{\mu}\frac{dp}{dr} \tag{1.1}$$

$$\text{RB Bohrung:}\quad p(r_B) = p_{Bf} \tag{1.2}$$

$$\text{RB externer Rand:}\quad p(r_E) = p_E \tag{1.3}$$

Lösung durch Integration:

$$\int_{p_B}^{p_E} dp = -\frac{\mu Q}{2\pi kh}\int_{r_B}^{r_E}\frac{dr}{r}, \quad p_E - p_{Bf} = -\frac{\mu Q}{2\pi kh}\ln\frac{r_E}{r_B}, \quad Q = -\frac{2\pi kh}{\mu}\frac{(p_E - p_{Bf})}{\ln r_E / r_B} \tag{1.4}$$

mit –Q für die Förderung und +Q für die Injektion.

1.3 Unterschied von Flüssigkeits- und Gasströmung

Aufgrund der thermodynamischen Eigenschaften des Gases muss die Gasströmung separat betrachtet werden.

Es sind Viskosität, Dichte, Kompressibilität und Realgasfaktor von Druck und Temperatur abhängig, d. h. $\mu_g = f(p, T)$, $\rho_g = f(p, T)$, $c_g = f(p, T)$ und $z_g = f(p, T)$.

Diese Eigenschaften bewirken, dass die Gasströmung von der laminaren Strömung abweicht und das Darcy-Gesetz in seiner ursprünglichen Form nicht mehr gilt. Es treten neben den Reibungskräften Trägheitskräfte auf, die allgemein als „Turbulenz" bezeichnet werden.

Laminare oder turbulente Strömung hängt von der Größe der Reynolds'schen Zahl ab (s. Kap. 10):

$$\text{Re} = \frac{d.v.\rho}{\mu} \tag{1.5}$$

Für gleiche Porendurchmesser d und gleiche Geschwindigkeiten v kann $d \cdot v = konst.$ gesetzt werden.

Um die Neigung zur Turbulenz zu ermitteln, braucht lediglich der Quotient aus Dichte ρ und Viskosität $\mu - \rho/\mu$ betrachtet zu werden. Für die Lagerstättenparameter $p = 200–300$ bar, T=350 K ergibt sich damit für die einzelnen Fluide:

$$\begin{aligned}
&\text{Öl:} && \frac{\rho}{\mu} = \frac{0{,}9}{2} = 0{,}45; && \frac{Öl}{Wasser} = 0{,}3\\
&\text{Wasser:} && \frac{\rho}{\mu} = \frac{1{,}2}{0{,}8} = 1{,}50; && \frac{Wasser}{Wasser} = 1{,}0\\
&\text{Gas:} && \frac{\rho}{\mu} = \frac{0{,}2}{0{,}02} = 10; && \frac{Gas}{Wasser} = 6{,}7
\end{aligned}$$

Aus dieser Betrachtung kann die Schlussfolgerung gezogen werden, dass die Gasströmung im Vergleich zur Wasser- oder Ölströmung schneller zur Turbulenz neigt!

1.4 Stationäre Gasströmung zu einer Bohrung

Aufgrund der verstärkten Neigung des Gases zur Turbulenz ist es erforderlich, die Abweichung von der Darcy-Strömung durch das erweiterte Strömungsgesetz nach Forchheimer (1901) zu berücksichtigen.

Forchheimer-Gleichung:

$$\frac{dp}{dr} = \frac{\mu}{k}v + \beta_T \rho v^2 \quad mit\ \beta_T = Trägheitsfaktor, \mathrm{m}^{-1} \tag{1.6}$$

$$\text{RB Bohrung: } p(r_B) = p_{Bf} \tag{1.7}$$

$$\text{RB externer Rand: } p(r_E) = p_E \tag{1.8}$$

Mit den Nebenbedingungen:

$$v = \frac{Q}{A} = \frac{Q}{2\pi hr}; \quad Q = Q_N \frac{p_N Tz}{pT_N}; \quad \rho = \rho_{St} \frac{pT_N}{p_N Tz} \tag{1.9}$$

ergibt sich die Lösung:

$$p_E^2 - p_B^2 = aQ_N + bQ_N^2\ (sign\ Q_N). \tag{1.10}$$

Die Filtrationskoeffizienten a und b in Gl. (1.10) haben folgende Bedeutung:

$$\begin{aligned} \text{„linear“: } a &= -\frac{\mu p_N Tz}{\pi kh T_N} \ln \frac{r_E}{r_B}, \\ \text{„turbulent“: } b &= -\frac{\beta_T \rho_N p_N Tz}{2\pi^2 h^2 T_N} \left(\frac{1}{r_B} - \frac{1}{r_E} \right). \end{aligned} \tag{1.11}$$

Eine Korrelation des „Turbulenz-“ bzw. Trägheitsfaktors β_T ist in Kap. 15.5.2 zu finden.

1.5 Linearisierung der Gasströmungsgleichung

In der in Abschn. 1.4 dargestellten stationären Strömungsgleichung wurde die so genannte p^2-Linearisierung verwendet. Hierbei wird angenommen, dass das Produkt aus Viskosität und Realgasfaktor unter den Strömungsbedingungen konstant ist – $\mu z = konst.$ Weitere Linearisierungen und sich daraus ergebende Formen der Strömungsgleichung sind nachfolgend dargestellt.

p^2-Linearisierung:

$$\mu z = konst. \quad \rightarrow \frac{1}{\mu z} p^2 \Rightarrow p_E^2 - p_{Bf}^2 = aQ_N + bQ_N^2 \tag{1.12}$$

p-Linearisierung:

$$\frac{p}{\mu z} = konst. \rightarrow \frac{2p}{\mu z} p \Rightarrow p_E - p_{Bf} = \frac{1}{2p_m} aQ_N + \frac{1}{2p_m} bQ_N^2 \tag{1.13}$$

φ-Linearisierung:

$$\varphi = \int_{p_{St}}^{p_E} \frac{p}{\mu z} dp \Rightarrow \varphi_E - \varphi_{Bf} = \frac{1}{\mu z} aQ_N + \frac{1}{\mu z} bQ_N^2 \tag{1.14}$$

1.6 Empirische Leistungsgleichung nach Rawlins und Schellhardt

Rawlins und Schellhardt (1936) fanden die folgende empirische Gleichung zur Auswertung von Gastests:

$$Q_N = C\left(p_E^2 - p_B^2\right)^n \tag{1.15}$$

Durch Umstellung der Gleichung zeigt sich der Zusammenhang der empirischen Gleichung mit der zweigliederigen Filtrationsgleichung:

$$p_E^2 - p_B^2 = \left(\frac{1}{C} Q_N\right)^{1/n} \quad \text{„laminar“:} \quad \frac{1}{C} = a, \quad n = 1$$
$$\text{„turbulent“:} \quad \left(\frac{1}{C}\right)^2 = b, \quad n = 0{,}5 \tag{1.16}$$

1.7 Instationäre Flüssigkeitsströmung zu einer Bohrung

Mit den Grundgleichungen:

- Massenerhaltungsgesetz,
- Zustandsgleichung und
- Darcy-Gesetz

erhalten wir in Zylinderkoordinaten die Differentialgleichung:

$$\frac{1}{r}\frac{\partial}{\partial r}\left(r\frac{k}{\mu}\frac{\partial p}{\partial r}\right) = \phi c_t \frac{\partial p}{\partial t} \tag{1.17}$$

$$\frac{\partial^2 p}{\partial r^2} + \frac{1}{r}\frac{\partial p}{\partial r} = \frac{1}{a}\frac{\partial p}{\partial t} \quad mit \quad a = \frac{k}{\mu\phi c_t}. \tag{1.18}$$

Wird eine unendlich ausgedehnte produktive Schicht (*infinite reservoir*) mit initialem (oder statischem) Schichtdruck angenommen, in der über eine Bohrung mit konstanter Rate produziert wird, so kann dieser Zustand durch folgende Anfangs- und Randbedingungen beschrieben werden:

Anfangsbedingungen (AB):

$$p = p_i \quad \text{für} \quad t = 0, \quad r > r_B \tag{1.19}$$

Randbedingung (RB) Bohrung:

$$r\frac{\partial p}{\partial r} = -\frac{QB}{2\pi kh} \quad \text{bei} \quad r = r_B, \quad t > 0 \tag{1.20}$$

Randbedingung (RB) externer Rand:

$$p = p_i \quad \text{bei} \quad r = \infty, \quad t > 0 \tag{1.21}$$

Die Lösung dieses Problems kann durch Nutzung unterschiedlicher Lösungsverfahren erhalten werden. Häufig werden dazu die Laplace[1]-Transformation oder die Boltzmann[2]-Transformation im Reservoir-Engineering genutzt. Wird ferner angenommen, dass der Bohrlochradius sehr klein gegenüber der Ausdehnung der Schicht ist, dann ergibt sich die Linienquellen- oder Exponentialintegral-Lösung (*line source solution*):

$$p_i - p(r,t) = -\frac{QB\mu}{4\pi kh} Ei\left(-\frac{r^2}{4at}\right). \tag{1.22}$$

Das Exponentialintegral kann für kleine Argumente, d. h. große Werte von at/r^2 durch den Logarithmus genähert werden. Für $at/r^2 < 3{,}8$ ist der Fehler dieser Näherung kleiner als 3 %.

Die Gleichung erhält dann die Form:

$$p_i - p(r,t) = -\frac{QB\mu}{4\pi kh}\left(\ln\frac{4at}{r^2} - \gamma\right). \tag{1.23}$$

---

[1] Pierre-Simon Laplace (1749–1827) französischer Mathematiker und Astronom.

[2] Ludwig Boltzmann (1844–1906) österreichischer Physiker.

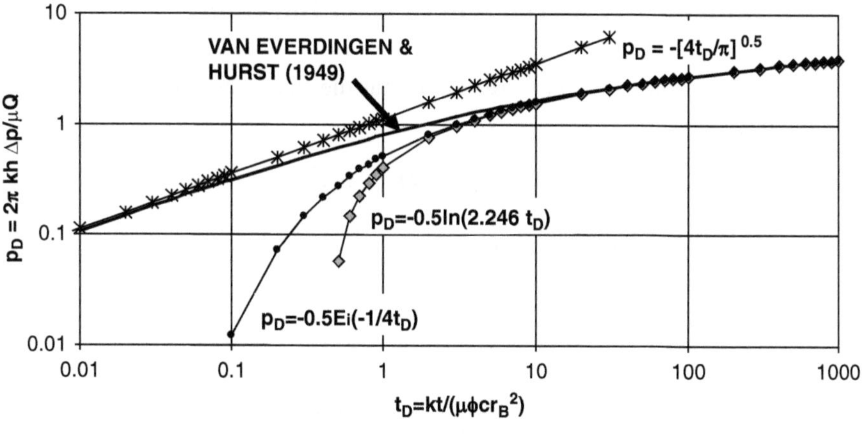

Abb. 1.3 Lösung für die Strömung zu einer Bohrung mit konstanter Förderrate in einer unendlich ausgedehnten Schicht und Näherungslösungen (–Q = Produktion, +Q = Injektion)

Mit $\gamma = 0{,}5772\ldots$ (Eulersche Konstante) und $e^{\gamma} = 1{,}7811$ ergibt sich für $r = r_B$

$$p_i - p_{Bf}(t) = -\frac{QB\mu}{4\pi kh}\left(\ln\frac{2{,}246at}{r_B^2}\right). \tag{1.24}$$

In dimensionslosen Größen ausgedrückt erhält die Lösung folgende Form:

$$p_D = -\frac{1}{2}\ln(2{,}246t_D). \tag{1.25}$$

Der dimensionslose Druck p_D und dimensionslose Zeit t_D sind in folgender Weise definiert:

$$p_D = \frac{(p_i - p_{Bf})2\pi kh}{\mu QB}, \quad t_D = \frac{kt}{\mu\phi c r_B^2} = \frac{at}{r_B^2}. \tag{1.26}$$

Für kleine Zeiten lässt sich weiterhin die Näherungslösung (*asymptotic solution*) finden:

$$p_D = -\sqrt{4t_D/\pi} \tag{1.27}$$

Die hier angegebenen Näherungslösungen für große Zeiten sind gemeinsam mit der vollständigen Lösung für die instationäre Strömung zu einer Bohrung von van Everdingen und Hurst (1949) und einer Näherungslösung für kleine Zeiten in Abb. 1.3 in dimensionsloser Form dargestellt.

1.8 Instationäre Gasströmung zu einer Bohrung

In Abschn. 1.4 konnte gezeigt werden, dass für die stationäre Strömung folgende Gleichung gilt

$$p_E^2 - p_{Bf}^2 = aQ_N + bQ_N^2 \tag{1.28}$$

mit dem linearen Filtrationskoeffizienten

$$a = -\frac{\mu p_N Tz}{\pi khT_N} \ln \frac{r_E}{r_B}. \tag{1.29}$$

Für instationäre Strömungsverhältnisse zeigten Wattenbarger und Ramey (1968), dass der „turbulente“ Filtrationskoeffizient mit guter Näherung konstant ist und Gl. (1.17) mit der Linienquellenlösung in der p^2-Linearisierung kombiniert werden kann, so dass sich ergibt

$$p_E^2 - p_{Bf}^2 = a(t) \cdot Q_N + bQ_N^2, \tag{1.30}$$

wobei der zeitabhängige lineare Filtrationskoeffizient folgende Form erhält

$$a(t) = -\frac{\mu p_N Tz}{2\pi khT_N} \ln \frac{2{,}246kt}{\mu \phi c_t r_B^2}. \tag{1.31}$$

1.9 Skinfaktor

Infolge von Bohr-, Komplettierungs- und/oder Work-over-Arbeiten kann die Permeabilität in unmittelbarer Bohrlochumgebung reduziert werden. Hurst (1953) und van Everdingen (1953) bezeichneten dieses Phänomen als *Skineffekt* und die quantitative Größe als *Skinfaktor*.

Der Skinfaktor ist definiert durch

$$S = \frac{QB\mu}{2\pi kh} \Delta p_{Skin}, \tag{1.32}$$

damit ergibt sich für die Bohrungsgleichung

$$p_i - p_{Bf} = -\frac{QB\mu}{4\pi kh}\left(\ln \frac{2{,}246kt}{\mu \phi c r_B^2} + 2S\right). \tag{1.33}$$

In Abb. 1.4 sind die Druckverläufe in der Schicht mit und ohne Skinfaktor schematisch dargestellt.

Bei der Gasströmung ist es erforderlich, die Abweichung von der Darcy-Strömung nach Forchheimer (1901) zu berücksichtigen, so dass sich bei Anwendung der p_2-Linearisierung ergibt

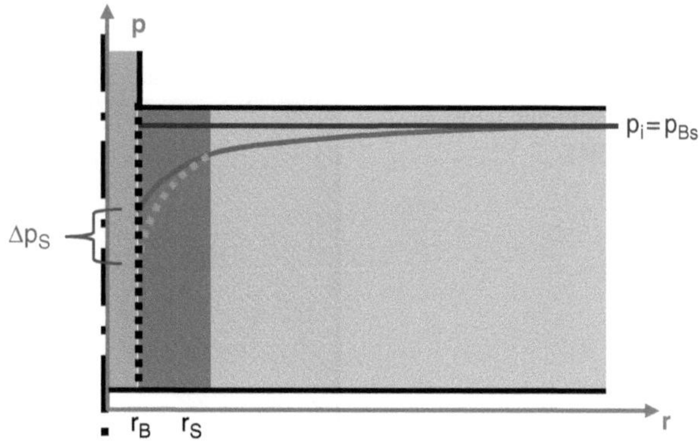

Abb. 1.4 Einfluss des Skinfaktors auf den Druckverlauf in der Schicht

$$p_i^2 - p_{Bf}^2 = -\frac{Q_N \mu T z p_N}{4\pi khT_N}\left(\ln\frac{2{,}246kt}{\mu\phi c r_B^2} + 2S + b\frac{4\pi khT_N}{Q\mu Tzp_N}\cdot Q_N^2\right). \quad (1.34)$$

Die letzten beiden Glieder der oberen Gleichung können nun zu dem gesamten oder totalen Skinfaktor zusammengefasst werden zu

$$S_T = S + b\frac{\pi khT_N}{\mu Tzp_N}\cdot Q_N. \quad (1.35)$$

Damit ist der Skinfaktor nicht mehr konstant wie bei der Strömung von Flüssigkeiten, sondern von der Förderrate abhängig.

1.10 Nachproduktion (*wellbore storage*)

Nachproduktion stellt sich ein, wenn die Bohrung mit konstanter Rate zu produzieren beginnt oder wenn die Bohrung geschlossen wird. Das Fluid wird dabei unmittelbar nach dem Öffnen der Bohrung zuerst aus dem Bohrungsvolumen und erst danach aus der Formation produziert. Beim Schließen der Bohrung strömt anfänglich weiterhin Fluid in das Bohrungsvolumen.

Der Verlauf der Fluidraten ist für diesen Vorgang in Abb. 1.5 schematisch dargestellt.

Die Größe der Nachproduktion ist in folgender Weise definiert:

$$C = V_B \cdot c_B, \quad \left[\frac{\mathrm{m}^3}{\mathrm{Pa}}\right] \quad (1.36)$$

für ein geschlossenes Bohrungsvolumen.

$$C = \frac{A_{Rohr}}{\rho \cdot g}, \quad \left[\frac{\mathrm{m}^2\cdot\mathrm{m}^3\cdot\mathrm{s}^2}{\mathrm{kg}\cdot\mathrm{m}} = \frac{\mathrm{m}^3}{\mathrm{Pa}}\right] \quad (1.37)$$

für den Spiegelanstieg in der Bohrung.

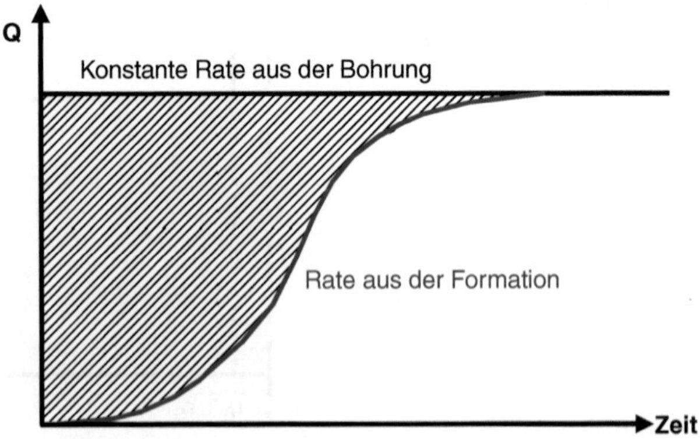

Abb. 1.5 Verlauf der Fließrate aus der Schicht mit Einfluss der Nachproduktion bei konstanter Produktionsrate der Bohrung

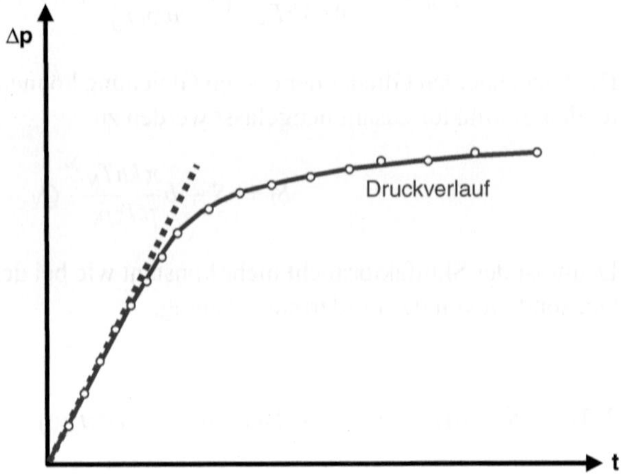

Abb. 1.6 Anfänglicher linearer Druckverlauf bei der Produktion einer Bohrung mit konstanter Förderrate unter Einfluss von Nachproduktion

Durch die Nachproduktion hat der anfängliche Druckverlauf einer Fließdruck- oder Druckaufbaumessung folgende Form:

$$p_i - p_B(t) = -\frac{QB \cdot t}{C}, \quad \left[\frac{\mathrm{m}^3 \cdot \mathrm{s} \cdot \mathrm{Pa}}{\mathrm{s} \cdot \mathrm{m}^3} = \mathrm{Pa}\right] \tag{1.38}$$

Der Druck ist unter dem Einfluss der Nachproduktion damit eine lineare Funktion der Zeit, wie es Abb. 1.6 zeigt.

Die in Abb. 1.3 dargestellten Lösungen gelten damit für die anfängliche Zeit nicht, sondern werden von der Nachproduktion (s. Gl. (1.24)) überprägt. Der Einfluss der Nachproduktion ist nach Ramey et al. (1975) abgeklungen für

$$t_D \geq (60 + 3{,}5S) \cdot C_D, \tag{1.39}$$

Abb. 1.7 Darstellung von Druckmessungen zur Identifikation der Nachproduktion und zur Einschätzung der Abklingzeit

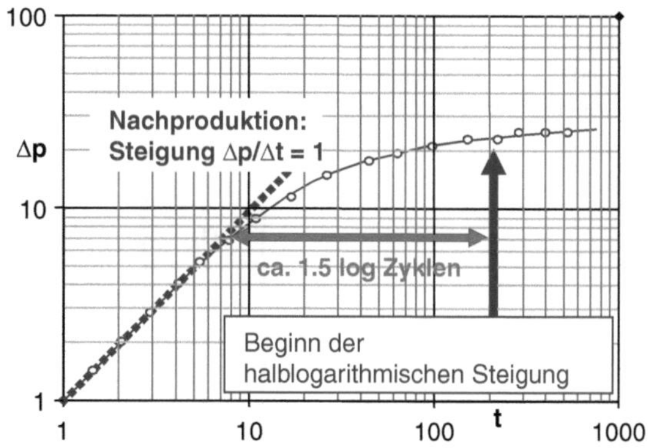

wobei die dimensionslose Nachproduktion C_D wie folgt definiert ist:

$$C_D = \frac{C}{2\pi\phi hcr_B^2} \tag{1.40}$$

Werden die weiteren dimensionslosen Größen eingesetzt,

$$p_D = \frac{(p_i - p_{Bf})2\pi kh}{\mu Q}, \quad t_D = \frac{kt}{\mu\phi cr_B^2} = \frac{at}{r_B^2} \tag{1.41}$$

so ergibt sich folgende Beziehung für die Zeit

$$t = (60 + 3{,}5S) \cdot \frac{C\mu}{2\pi kh}. \tag{1.42}$$

Liegen Messungen des Bohrlochsohlendrucks vor, so kann die Identifikation der Nachproduktion und die Einschätzung der Abklingzeit nach Abb. 1.7 erfolgen.

1.11 Strömung zu einer Bohrung mit variablen Raten

Eine Bohrung wird häufig mit veränderlicher Rate gefördert, wie es in Abb. 1.8 schematisch dargestellt ist.

Die hierfür geltenden Strömungsgleichungen können durch Anwendung der zeitlichen Superposition entwickelt werden.

Unter Verwendung von Gl. (1.24) kann für eine Förderrate geschrieben werden

$$p_i - p_{Bf} = -\frac{Q_0 B\mu}{4\pi kh}\left(\ln\frac{2{,}246a(t-t_0)}{r_B^2}\right). \tag{1.43}$$

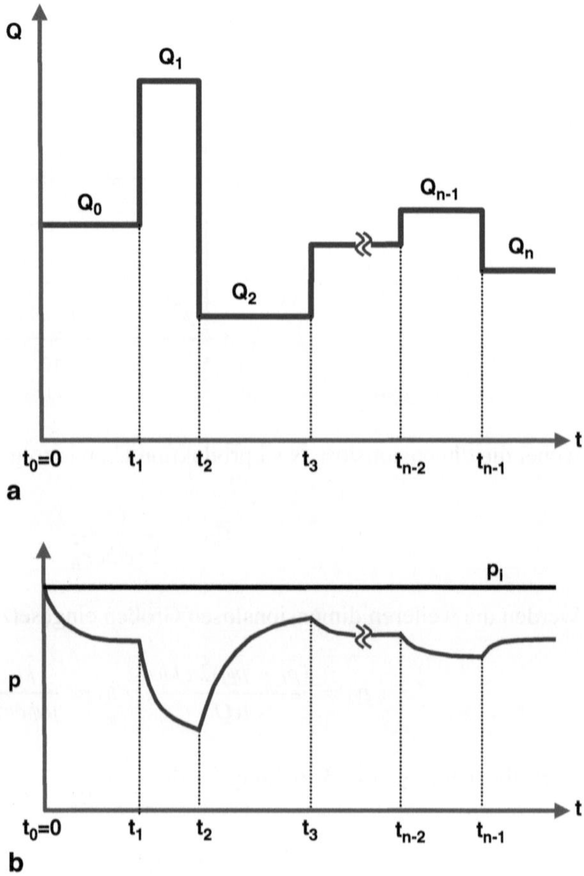

Abb. 1.8 Schematischer Verlauf der variablen Förderrate (**a**) und des entsprechenden Bohrlochsohlendruckes (**b**)

Ändert sich die Förderrate Q_0 zum Zeitpunkt t_1, so kann man sich nach dem Superpositionsprinzip vorstellen, dass die Bohrung mit Q_0 weiterfördert und ab dem Zeitpunkt zusätzlich mit der Rate (Q_1-Q_0) fördert, also

$$p_i - p_{Bf} = -\frac{(Q_1 - Q_0)B\mu}{4\pi kh}\left(\ln\frac{2{,}246a(t-t_1)}{r_B^2}\right) \tag{1.44}$$

Die Summe beider Effekte ergibt dann

$$p_i - p_{Bf} = -\left[\begin{array}{l}\dfrac{Q_0 B\mu}{4\pi kh}\left(\ln\dfrac{2{,}246a(t-t_0)}{r_B^2}\right)\\ +\dfrac{Q_1 B\mu}{4\pi kh}\left(\ln\dfrac{2{,}246a(t-t_1)}{r_B^2}\right)\end{array}\right]. \tag{1.45}$$

Für „n“ unterschiedliche Förderraten kann damit allgemein geschrieben werden

$$p_i - p_B(t) = -\frac{\mu B}{4\pi kh}\sum_{i=1}^{n-1}(Q_i - Q_{i-1})\cdot \left(\ln\frac{2{,}246a(t-t_i)}{r_B^2}+2S\right) \quad \text{für} \quad \frac{a(t-t_{n-1})}{r_B^2}\geq 3{,}8. \tag{1.46}$$

Bei einer Druckaufbaumessung (pressure buildup) wird die Bohrung nach einer Förderperiode geschlossen, es gibt also zwei Förderraten, $Q_0=Q$ und $Q_1=0$. Mit dieser Bedingung ergibt sich

$$p_i - p_B(t) = -\frac{\mu B}{4\pi kh} \cdot\left(Q\cdot\ln\frac{2{,}246a(t-0)}{r_B^2} - Q\cdot\ln\frac{2{,}246a(t-t_1)}{r_B^2}\right). \tag{1.47}$$

Wird folgende Bezeichnung gewählt:

$t=t_f+t_{DAM}$ für die gesamte Zeit (Fließ- und Druckaufbauzeit) und,
$t-t_1=t_{DAM}$ für die Druckaufbauzeit, so ergibt sich

$$p_i - p_B(t) = -\frac{\mu B}{4\pi kh}\cdot \left(Q\cdot\ln\frac{2{,}246a(t_f+t_{DAM})}{r_B^2} - Q\cdot\ln\frac{2{,}246a\cdot t_{DAM}}{r_B^2}\right), \tag{1.48}$$

$$p_i - p_B(t) = -\frac{QB\mu}{4\pi kh}\ln\frac{t_f+t_{DAM}}{t_{DAM}}.$$

In der üblichen Schreibweise wird der Index „DAM“ weggelassen, so dass sich die bekannte Theis (1935)–Horner (1951)-Gleichung ergibt:

$$p_i - p_B(t) = -\frac{QB\mu}{4\pi kh}\ln\frac{t_f+t}{t} \tag{1.49}$$

1.12 Diskontinuitäten der Schicht

Die interessierenden Schichten von Öl- und Gasreservoiren als auch von Aquifern sind selten homogen, aber sie weisen häufig Inhomogenitäten und Diskontinuitäten auf. Diese Diskontinuitäten beeinflussen natürlich die Charakteristik einer Fließdruck- oder Druckaufbaukurve. Eine häufig auftretende Diskontinuität ist die lineare Störung, die entweder impermeabel ist oder offene, hochpermeable Klüfte

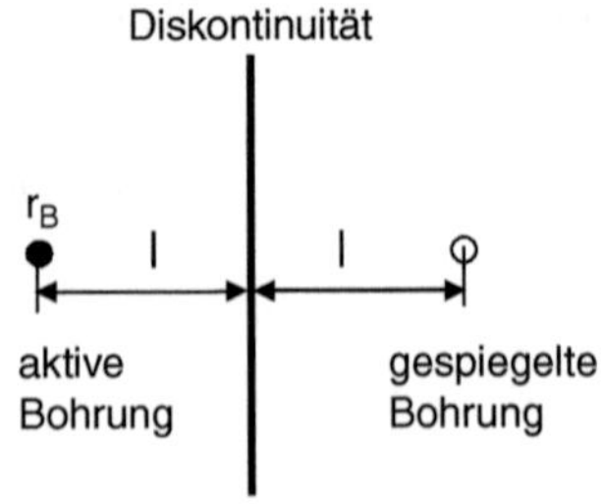

Abb. 1.9 Bohrungsanordnung mit linearer Diskontinuität – impermeabel oder p=konstant

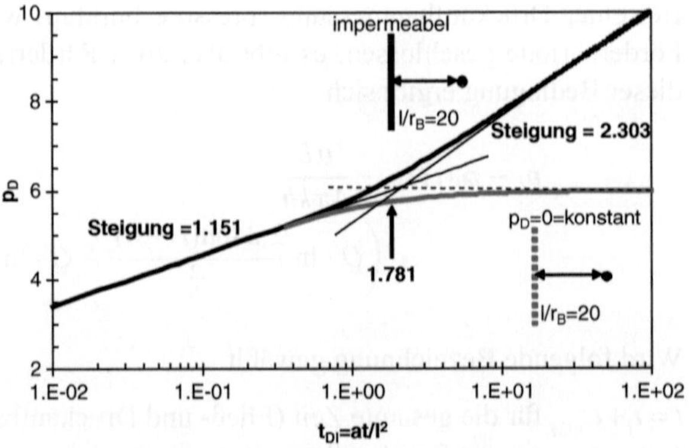

Abb. 1.10 Dimensionslose Darstellung der Druckentwicklung einer Bohrung, die mit konstanter Rate fördert – in der Nähe einer impermeablen bzw. permeablen Störung mit konstantem Druck

aufweist, so dass für die Zeit der Messung der Druck dort konstant angenommen werden kann. Beide Fälle können mit der Superpositionsmethode oder Spiegelung berechnet werden. Die prinzipielle Bohrungsanordnung ist in Abb. 1.9 dargestellt.

Nehmen wir zuerst eine undurchlässige Störung an, so wird die Druckentwicklung in der aktiven Bohrung durch die eigene Förderung und durch die Förderung der fiktiven gespiegelten Bohrung im Abstand $2l$ erzeugt. Die Addition beider Lösungen für die Druckentwicklung liefert die Berechnungsformel für die Druckentwicklung der Bohrung

$$p_D = \frac{1}{2}\left[-Ei\left(-\frac{r_B^2}{4at}\right)\right] + \frac{1}{2}\left[-Ei\left(-\frac{4l^2}{4at}\right)\right]. \tag{1.50}$$

Der zweite Fall einer hochdurchlässigen Störung, die in der Testzeit einen konstanten Druck an der Störung gewährleistet, wird durch die Förderung der aktiven Bohrung und die Injektion der gespiegelten Bohrung mit gleicher Rate berechnet. Damit ergibt die folgende Lösung

$$p_D = \frac{1}{2}\left[-Ei\left(-\frac{r_B^2}{4at}\right)\right] - \frac{1}{2}\left[-Ei\left(-\frac{4l^2}{4at}\right)\right]. \tag{1.51}$$

Für beide Fälle (impermeabel oder p=konstant) ist die dimensionslose Druckentwicklung in Abb. 1.10 dargestellt. Im durch die Störung unbeeinflussten Fall ergibt sich die die dimensionslose Steigung von $\alpha = 1{,}151$. Durch den Einfluss der Diskontinuität ergibt sich für den Fall einer impermeablen Störung eine halblogarithmische Gerade mit der Steigung von 2,303 und für den Fall mit konstantem Druck eine horizontale Gerade mit der Steigung 0. Der Schnittpunkt der ersten Steigung mit der zweiten Steigungen liegt in beiden Fällen bei der dimensionslosen Zeit von

$$t_D \frac{r_B^2}{l^2} = \frac{kt}{\mu \phi c_t l^2} = 1{,}781. \tag{1.52}$$

Damit kann der Abstand der fördernden Bohrung zur Störung berechnet werden mit

$$l = 0{,}75 \sqrt{\frac{kt}{\mu \phi c_t}}. \tag{1.53}$$

wobei t die Zeit am Schnittpunkt beider Geraden in der Messkurve ist.

1.13 Unvollkommener Aufschluss der Schicht (*partiell penetration*)

Bei der Ableitung der Gleichungen war bisher die Annahme, dass die gesamte Mächtigkeit der produzierenden Schicht erschlossen ist, so dass ein radialer Zustrom erfolgt. In der Praxis kommt es jedoch gelegentlich vor, dass nur Bereiche der Schicht geöffnet sind (*partial penetration*), wie es Abb. 1.11 zeigt. In diesen Fällen ist die Strömung nicht komplett radial, sondern in Bohrungsnähe nahezu sphärisch. Diese Abweichung von der radialen Strömung infolge eines begrenzten Aufschlusses verursacht einen zusätzlichen Druckabfall. Da diese Strömungsabweichung nur in Bohrungsnähe auftritt, kann der dadurch verursachte Druckabfall als Pseudo-Skinfaktor interpretiert werden. Brons und Marting (1961) ermittelten hierfür den Pseudo-Skinfaktor S_p, der von den Parametern h_p/h und h_{DB} abhängt. Von Strelsova

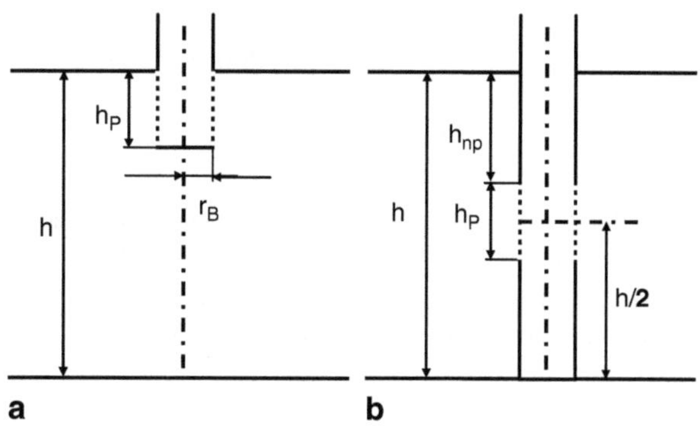

Abb. 1.11 Beispiele eines unvollkommenen Schichtaufschlusses (**a**) Bohrung produziert aus dem oberen Teil der Schicht (**b**) Bohrung produziert aus dem zentralen Teil der Schicht

Abb. 1.12 Pseudoskinfaktor einer unvollkommen aufgeschlossenen Schicht. (Nach Brons und Marting 1961)

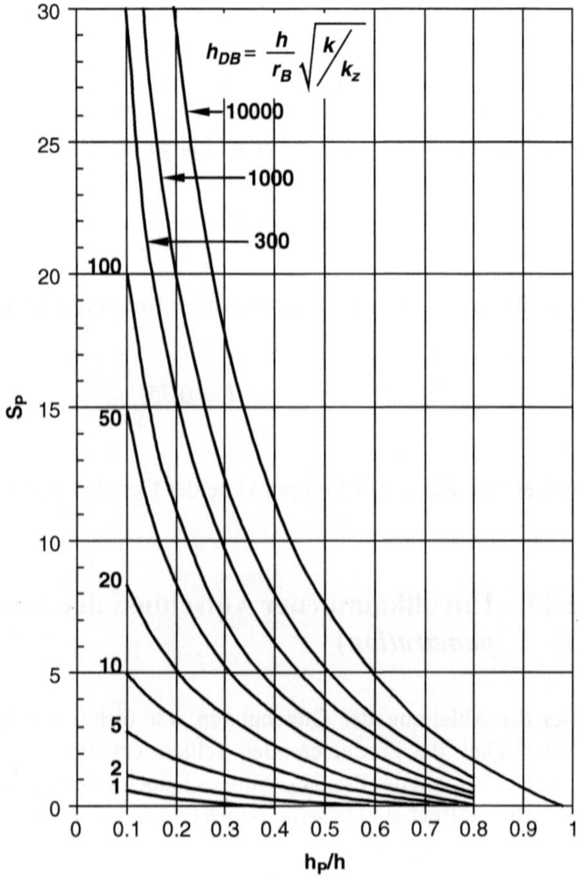

(1988) wurde für die Berechnung von S_p bei beliebiger Lage des Perforationsintervalls folgende relativ einfache Beziehung abgeleitet.

$$S_P = \frac{2}{\pi^2 (h_P/h)^2} \cdot \sum_{n=1}^{\infty} \frac{1}{n^2} \left[\sin\left(n\pi(h_{nP} + h_P)/h\right) - \sin\left(n\pi h_{nP}/h\right)\right]^2 \cdot K_0(n\pi r_D) \tag{1.54}$$

Abbildung 1.12 gibt den Pseudo-Skinfaktor infolge eines unvollkommenen Aufschlusses an.

Anzumerken ist, dass aus Gründen der Symmetrie für die beiden dargestellten Fälle folgende Größe für h_{DB} einzusetzen ist:

$$\text{(vergl. Abb. 1.11a)} \quad h_{DB} = \frac{h}{r_B}\sqrt{\frac{k}{k_z}} \tag{1.55}$$

$$\text{(vergl. Abb. 1.11b)}\quad h_{DB} = \frac{h}{2r_B}\sqrt{\frac{k}{k_z}} \tag{1.56}$$

Wird nun mit der instationären Testinterpretation (z. B. Druckaufbaumessung) ein Skinfaktor bestimmt, so setzt dieser sich aus der Bohrlochschädigung und aus dem unvollkommenen Aufschluss summarisch zusammen

$$S_\Sigma = S + S_p.$$

Liegen aus einer solchen Bohrung mit geringem Perforationsbereich im Vergleich zur Schichtmächtigkeit Fließdruck- oder Druckaufbaumessungen vor, so kann aus diesen Messungen die Permeabilität ermittelt werden.

Unter solchen Verhältnissen liegt anfänglich näherungsweise eine sphärische Strömungsform vor. Fördert eine Bohrung mit konstanter Rate, so gilt die Strömungsgleichung

$$p_i - p(r,t) = -\frac{QB\mu}{4\pi kr} erfc\sqrt{\frac{r^2}{4at}}. \tag{1.57}$$

Für kleine Argumente

$$\sqrt{r^2/4at} < 0.1 \tag{1.58}$$

kann für die komplementäre Fehlerfunktion geschrieben werden

$$erfc(x) = 1 - \frac{2}{\sqrt{\pi}}x, \tag{1.59}$$

so dass für das Fließdruckverhalten folgende Näherung gilt

$$p_i - p(r_{Bf},t) = -\frac{QB\mu}{4\pi kr_B}\left[1 - \sqrt{\frac{r_B^2}{\pi at_f}}\right]. \tag{1.60}$$

Unter Anwendung des Superpositionsprinzips erhält man für die Druckaufbauphase nach einer Förderperiode mit der Fließzeit t_f die Beziehung

$$p_i - p(r_B,t) = -\frac{QB\mu^{3/2}\sqrt{\phi c_t}}{4\pi^{3/2}\,k^{3/2}}\left[\frac{1}{\sqrt{t}} - \frac{1}{\sqrt{t_f + t}}\right]. \tag{1.61}$$

Werden nun die gemessenen Drücke aus der Fließdruck- bzw. Druckaufbauperiode in Abhängigkeit von

$$1/\sqrt{t_f} \tag{1.62}$$

bzw.

$$\left(1/\sqrt{t} - 1/\sqrt{t_f + t}\right) \tag{1.63}$$

graphisch dargestellt, so ergibt sich eine Gerade mit der Steigung

$$\alpha = \frac{QB\sqrt{\phi c_t}}{4}\left(\frac{\mu}{\pi k}\right)^{3/2} \tag{1.64}$$

aus der die Permeabilität berechnet werden kann nach

$$k = \frac{\mu}{\pi}\sqrt[3]{\frac{Q^2B^2\phi c_t}{16\alpha^2}}. \tag{1.65}$$

Die gleichen Beziehungen können auch für die Bestimmung der Permeabilität aus Messungen von Kabeltests (*wireline formation test*) benutzt werden.

1.14 Drainage-Radius (*radius of investigation*)

Der Drainage-Radius, auch bezeichnet als Untersuchungsradius und Einflussradius (*radius of investigation*), ist gemeinhin für ein zylindersymmetrisches System definiert als Distanz von einer Bohrung, die eine instationäre Druckreaktion in der Schicht infolge der Förderung erreicht. Die radiale Region, in der ein Druckabfall in der Schicht durch eine Förderung erzeugt wird, wächst mit zunehmender Förderzeit und hängt von den Eigenschaften der Schicht ab. Dieser Radius kann aus der Lösung der Strömungsgleichung nicht exakt bestimmt werden und wird deshalb von Autoren in einem Bereich definiert

$$r_d = 1{,}78 \cdots 2{,}0\sqrt{\frac{kt}{\mu\phi c_t}}. \tag{1.66}$$

Der angegebene Drainage-Radius korrespondiert mit einer dimensionslosen Zeit, bis eine quasi-stationäre Druckverteilung erreicht ist

$$t_D\frac{r_B^2}{r_d^2} = \frac{kt}{\mu\phi c r_d^2} = 0{,}25 \cdots 0{,}314. \tag{1.67}$$

Mit diesem angegebenen Radius kann bei Förderung mit einer Fließdruckmessung das drainierte Reservoirvolumen bestimmt werden.

Bei einer Druckaufbaumessung ist es in dieser Weise möglich, das Porenvolumen zu bestimmen, das von diesen Diskontinuitäten nicht beeinflusst wird. Dieses kann bestimmt werden, in dem die Entfernung bis zu einer Störung l berechnet wird. Diese Entfernung kann berechnet werden mit (s. Abschn. 1.12)

$$l = 0{,}75\sqrt{\frac{kt}{\mu\phi c_t}}, \tag{1.68}$$

d. h. bei einer dimensionslosen Zeit von

$$t_D\frac{r_B^2}{l^2} = \frac{kt}{\mu\phi c_t l^2} = 1{,}781. \tag{1.69}$$

Literatur

Brons F, Marting E (1961) The effect of restricted fluid entry on well productivity. J Pet Technol 13:172–174

Darcy H (1856) Les fontaines publiques de la ville de Dijon. Dalment, Paris

Forchheimer P (1901) Wasserbewegung durch Boden. Z Ver Dt Ing 45:1782–1788

Horner DR (1951) Pressure build up in wells. In: Proceedings of the third World Petroleum Congress 2, 503–523

Hurst W (1953) Establishment of the skin effect and its impediment to fluid flow into a wellbore. Petroleum Engineer 25, B6–B16

Ramey HJ Jr, Kumar A, Gulati M (1975) Gas well test analysis under Water drive conditions. Monograph, American Gas Association Project 61–51

Rawlins EL, Schellhardt MA (1936) Backpressure data on natural gas wells and their applications to production practice. U.S. Bureau of Mines, Monograph 7

Strelsova TD (1988) Well testing in heterogeneous formations. Wiley, New York

Theis CV (1935) The relation between the lowering of the piezometric surface and the rate and duration of discharge using ground-water storage. Trans AGU, 16:519–524

Van Everdingen AF, Hurst W (1949) The application of laplace transformation to flow problems in reservoirs. Trans AIME 180, 305–324

Van Everdingen AF (1953) The skin effect and its influence on the productive capacity of a well. Trans AIME 198, 171–176

Wattenbarger RA, Ramey, HJ Jr (1968) Gas well testing with turbulence, damage, and wellbore storage. J Pet Technol 20:877–887

Kapitel 2
Durchführung und Interpretation von Bohrungstests

2.1 Planung von Bohrungstests

Die Planung bzw. Projektierung eines Bohrungstests ist eine vielschichtige Aufgabe, bei der geologische, reservoirmechanische und verfahrenstechnische Aspekte bedacht werden müssen. In jedem Falle sollten für die Auslegung der Testausrüstung folgende Schwerpunkte berücksichtigt werden:

- Auswahl der Druckmessgeräte und Thermometer.
- Auswahl und Dimensionierung der Volumenstrommessgeräte für Öl, Wasser, Gas und eventuell Feststoff.
- Festlegung von Größe und Auslegung des Separators.
- Bestimmung der Behältervolumina.
- Planung von Dosiermöglichkeiten (z. B. Hydratinhibition).
- Bestimmung der Anzahl der Fließperioden.
- Bestimmung der Förder- und Druckaufbauzeiten für einen Leistungstest bzw. Reservoir-Limit-Test.
- Festlegung der Registrierzeiten für die Messgeräte (So dicht als notwendig nicht so viele wie möglich!).
- Festlegung der Probenahmen (Bohrlochkopfproben, Tiefenproben).

Beispiele für die prinzipielle Auslegung von obertägigen Testausrüstungen sind in der Kap. 15.6 gegeben.

2.2 Ablauf eines Bohrungstests

Der Test einer Bohrung hat in der Regel folgenden schematischen Ablauf:

- Austausch der Spülung gegen Perforationsfluid.
- Komplettierung (Steigrohre, Packer, Sicherheitseinrichtungen, …).
- Perforation (die Festlegung der Perforationsbereiche erfolgt gemeinsam durch Geologen, Petrophysiker und Reservoiringenieure).

H.-D. Voigt, *Lagerstättentechnik*,
DOI 10.1007/978-3-642-21013-6_2, © Springer-Verlag Berlin Heidelberg 2011

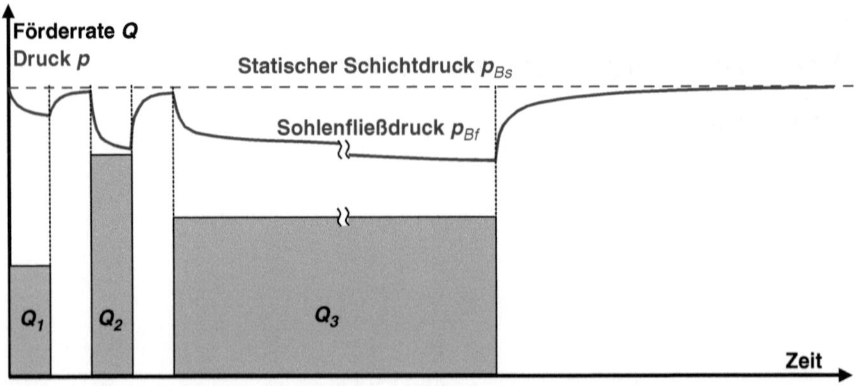

Abb. 2.1 Beispiel für die Raten- und Druckentwicklung eines Bohrungstests

- Freiförderung des Bohrlochvolumens (Ausförderung des Perforationsfluids bis zur kontinuierliche Produktion von Schichtfluid und Freiförderung der Formation).
- Druckaufbaumessung, Bestimmung p_i und T_i.
- Produktionstest/Leistungstest mit minimal 3 Förderperioden unterschiedlicher Rate:
  - Variante 1: Isochronaltest mit längerzeitigem letzten Regime (Langzeitmessung) und abschließender Druckaufbaumessung.
  - Variante 2: Back-pressure Test (flow after flow) mit anschließender Druckaufbaumessung (pressure buildup).
  - Alternative Zielstellung: Reservoir Limit Test. Sollten minimale Reserven im Drainagegebiet eingeschätzt werden, so ist eine längere Testperiode am Ende des Produktionstests zu planen.
- Ein Beispiel für die prinzipielle Förderraten- und Druckentwicklung ist in Abb. 2.1 angegeben.
- Tiefenprobenahme. Wird nicht oder selten bei bekannten Lagerstättenverhältnissen durchgeführt.

2.3 Beispiel des Tests einer Aquiferbohrung

Am Beispiel eines instationären Tests einer Explorationsbohrung in einem Aquifer ist es beabsichtigt, die prinzipielle Herangehensweise bei der Interpretation der Messergebnisse zu zeigen. Für den Test wurde eine obertägige Anlage entsprechend Kap. 15.6.3 verwendet.

Der schematische Ablauf des isochronalten Tests mit abschließender längerer Förder- und Druckaufbauperiode ist in Abb. 2.2 dargestellt.

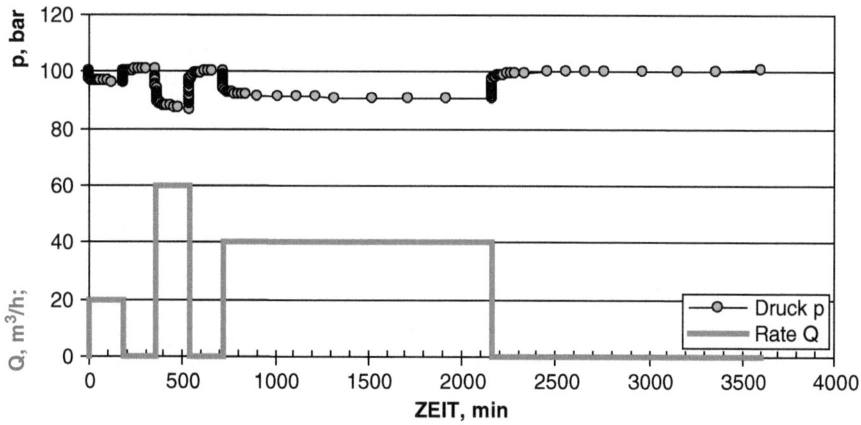

Abb. 2.2 Schematischer Ablauf eines Isochronaltests mit abschließender längerer Fließ- und Druckaufbauperiode

Tab. 2.1 Parameter der Bohrung

Parameter	Wert	Dimension	Herkunft
p_i	101,00	bar	Test
h	30,00	m	Bohren, log
μ	0,80	mPa s	Probe, Labor, Korrelation
B	1,01	m^3/m^3	Probe, Labor, Korrelation
ϕ	0,15	–	Kern, log
c	$1{,}0 \cdot 10^{-04}$	bar-1	Kern, Labor, Korrelation
r_B	0,10	m	Bohren
T	40,00	°C	Log, Test

Tab. 2.2 Messwerte der Fließperioden des Tests

Fließperiode	t_f (h)	Q (m^3/h)	p_{Bf} (bar)	$Q/(p_i-p_{Bf})$ ($m^3/(h\ bar)$)
1	3,00	20,02	96,31	4,3
2	3,00	60,12	86,91	4,3
3	3,00	39,96	91,63	4,3
3	24,00	39,96	90,40	3,8

Die Parameter der Bohrung sind in Tab. 2.1 und die gemessenen Drücke und Förderraten in Tab. 2.2 zusammengestellt. Weiterhin wurden die Druckverläufe in den Fließ- und Druckaufbauperioden gemessen. Diese sind in der Form p_{Bf}=f(t_f) bzw. in der Theis–Horner-Darstellung in Abb. 2.3 und 2.4 gezeigt.

Zuerst wird der statische Schichtdruck ermittelt. Im vorliegenden Fall wurde dieser nahezu mit 100,81 bar gemessen. Die Extrapolation in Abb. 2.4 ergibt 101,0 bar.

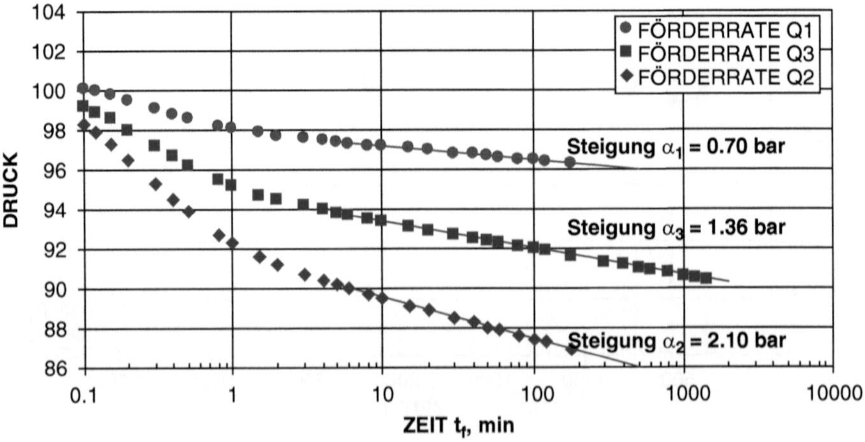

Abb. 2.3 Halblogarithmische Darstellung der Fließkurven (pressure drawdown)

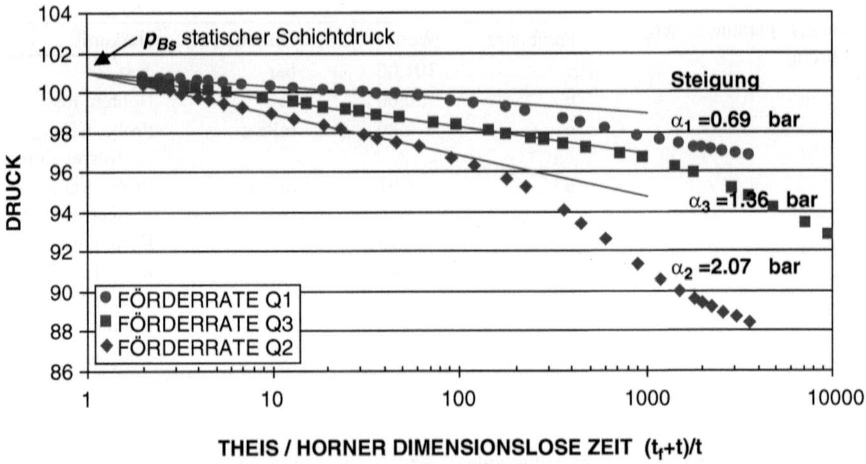

Abb. 2.4 Theis–Horner-Darstellung der Druckaufbaukurven (pressure buildup)

Für die Interpretation der Fließ- und Druckaufbaukurven ist zuerst die Zeit zu ermitteln, ab welcher Zeit die halblogarithmische Gerade zu Permeabilitätsbestimmung beginnt. Die Darstellung in Abb. 2.5 zeigt, dass dies etwas nach 5 min der Fall ist.

Für die weitere Interpretation werden zweckmäßigerweise die Gleichungen in den folgenden praktischen Feldeinheiten angegeben.

p – bar, t – h

k – m^2, ϕ – –

h – m, c_t – bar^{-1}

μ – mPa s, r_B – m

Q – m^3/h, α – bar

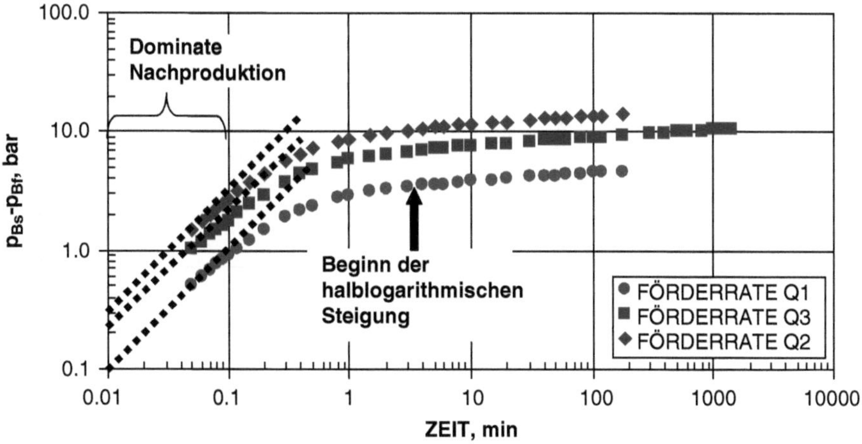

Abb. 2.5 Doppellogarithmische Darstellung der Fließkurven

Tab. 2.3 Ermittelte Steigungen, Permeabilitäten und Skinfaktoren aus den Fließdruck- und Druckaufbaukurven

Periode	Q (m³/h)	Steigung α (bar)	k (m²)	S
Fließdruck				
1	20,02	0,70	4.0E-13	−0,2
2	60,12	2,10	4.0E-13	−0,2
3	39,96	1,36	4.1E-13	0,1
Druckaufbau				
1	20,12	0,69	4.0E-13	−0,1
2	60,12	2,07	4.0E-13	−0,1
3	39,96	1,36	4.1E-13	0,0

Berechnung der Permeabilität:

$$k = \frac{0{,}509\ QB\mu}{h \cdot \alpha} \tag{2.1}$$

Berechnung des Skinfaktors aus Fließdruckkurven:

$$\mathrm{S} = 1{,}151 \left(-\frac{p_i - p_B(t_f)}{\alpha} - \lg \frac{0{,}809k\ t_f}{\mu\phi c\, r_B^2} \right). \tag{2.2}$$

Berechnung des Skinfaktors aus Druckaufbaukurven:

$$\mathrm{S} = 1{,}151 \left(-\frac{p_B(1h) - p_B(t_f)}{\alpha} - \lg \frac{0{,}809k\ t_f \cdot 1}{\mu\phi c\, r_B^2 (t_f + 1)} \right). \tag{2.3}$$

Die ermittelten Steigungen aus den Fließdruck- und Druckaufbaukurven sind gemeinsam mit den berechneten Permeabilitäten und Skinfaktoren in Tab. 2.3 angegeben.

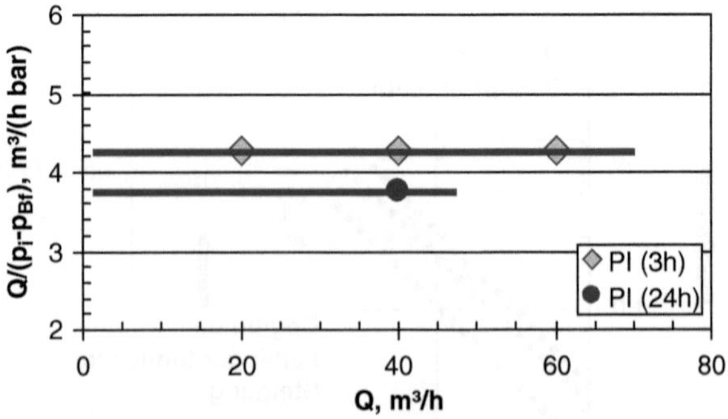

Abb. 2.6 Bestimmung des Produktivitätsindex PI

Desweiteren ist der Produktivitätsindex *PI* zu bestimmen. In Tab. 2.2 wurde dieser berechnet und in Abb. 2.6 graphisch dargestellt. Es ergeben sich folgende Werte in Abhängigkeit der Testzeit:

PI (3h) = 4,3 m^3/(h bar)
PI (3h) = 3,8 m^3/(h bar)

Nun besteht ferner die Möglichkeit, die Permeabilität aus dem ermittelten PI unter Nutzung der stationären Bohrungsgleichung abzuschätzen. Es wurde ein Skinfaktor von S = 0 ermittelt, und der äußere Radius kann mit Hilfe der Beziehung für die Bestimmung des Erkundungsradius (radius of investigation)

$$t_D = 0{,}25 \cdots 0{,}314$$

eingeschätzt werden (s. Abschn. 1.14).

Damit ergibt sich für eine Testzeit von 3 Stunden ein Radius von

$$r = \sqrt{\frac{kt}{0{,}25\mu\phi c_t}} = \sqrt{\frac{4 \cdot 10^{-13} 3 \cdot 3600}{0{,}25 \cdot 0{,}0008 \cdot 0{,}15 \cdot 1 \cdot 10^{-9}}} = 762 \text{ m}.$$

Wird dieser Wert in die stationäre Gleichung eingesetzt, so errechnet sich für den PI=4,5 m^3/(h bar) eine Permeabilität von 4,5 10^{-13} m^2. Dieser Wert ist höher als die nach der instationären Interpretation ermittelte Permeabilität, zeigt aber für praktische Verhältnisse eine gute Übereinstimmung.

2.4 Beispiel eines Gastests

Der Test einer Gasbohrung erfolgte mit dem Ziel, die Parameter der Schicht und die Leistung der Bohrung zu ermitteln. Es liegen folgende Daten vor:

h = 36 m
μ = 0,029 mPa s
T = 398 K
z = 1,21

Tab. 2.4 Parameter der Interpretation der Druckaufbaukurven (Statischer Schichtdruck $p_i = 387{,}3$ bar)

Fließperiode	t_f (h)	Q (m^3/d)	Steigung (bar^2)	K (m^2)	S
1	3	222	890	$1{,}41 \cdot 10^{-14}$	5,5
2	3	434	1830	$1{,}34 \cdot 10^{-14}$	10,3
3	3	707	2920	$1{,}37 \cdot 10^{-14}$	17,1
4	3	548	2290	$1{,}35 \cdot 10^{-14}$	12,9

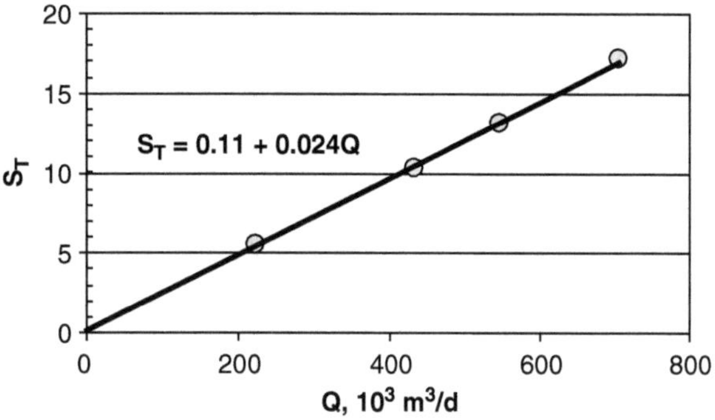

Abb. 2.7 Totaler Skinfaktor in Abhängigkeit von der Förderrate

Interpretation der Druckaufbaukurven Die Interpretation der Fließ- und Druckaufbaukurven erfolgt in analoger Weise wie beim Test einer Bohrung mit Flüssigkeitsförderung (siehe vorhergehendes Beispiel) jedoch unter Verwendung der p_2-Linearisierung und erbrachte folgende Parameter:

Der aus den Druckaufbaukurven ermittelte totale Skinfaktor in Tab. 2.4 liefert keine Aussage über die mechanische Schädigung der produzierenden Schicht, da er durch die Nicht-Darcy-Effekt („Turbulenz"-Effekt) beeinflusst ist. Eine Darstellung des totalen Skinfaktors in Abhängigkeit von der Förderrate, entsprechend Abb. 2.7 liefert für $Q_N = 0$ den mechanischen Skinfaktor $S = 0{,}1$, d. h. praktisch keine Schädigung der bohrlochnahen Zone.

Stationäre Interpretation Nachfolgend soll nur die sogenannte stationäre Interpretation dargestellt werden.

Hierfür wurden folgende Daten gemessen. Die Messergebnisse und die daraus berechneten Werte sind in Tab. 2.5 zusammengestellt.

Damit ergeben sich nach der Darstellung von Abb. 2.8 die Filtrationskoeffizienten in Abhängigkeit von der Förderzeit

$a(3\text{h}) = 19{,}9\ \text{bar}^2/(10^3\ \text{m}^3/\text{d}) = 17{,}2 \cdot 10^{12}\ \text{Pa}^2/(\text{m}^3/\text{s})$,
$a(296\text{h}) = 29{,}8\ \text{bar}^2/(10^3\ \text{m}^3/\text{d}) = 25{,}7 \cdot 10^{12}\ \text{Pa}^2/(\text{m}^3/\text{s})$,
$b = 0{,}1\ \text{bar}^2/(10^3\ \text{m}^3/\text{d})^2$.

Der lineare Filtrationskoeffizient a wurde für zwei unterschiedliche Förderzeiten $t_{f1} = 3$ Stunden und $t_{f2} = 296$ Stunden ermittelt. Aus diesen Werten kann die Permeabilität bestimmt werden. Betrachten wir die Strömungsgleichung mit dem Koeffizienten $a(t_f)$ in der instationären Form für zwei Förderzeiten $j = 1$ und $j = 2$

Tab. 2.5 Daten zum Leistungstest einer Gasbohrung

Fließperiode	t_f (h)	Q (m³/d)	p_{Bf} (bar)	$p^2_i - p^2_{Bf}$ (bar²)	$(p^2_i - p^2_{Bf})/Q$ (bar²/(m³/d))
1	3	222	375,01	9369	42,2
2	3	434	350,09	27438	63,2
3	3	707	292,91	64205	90,8
4	3	548	329,99	41108	75,0
4	3296	544	322,17	46208	84,9

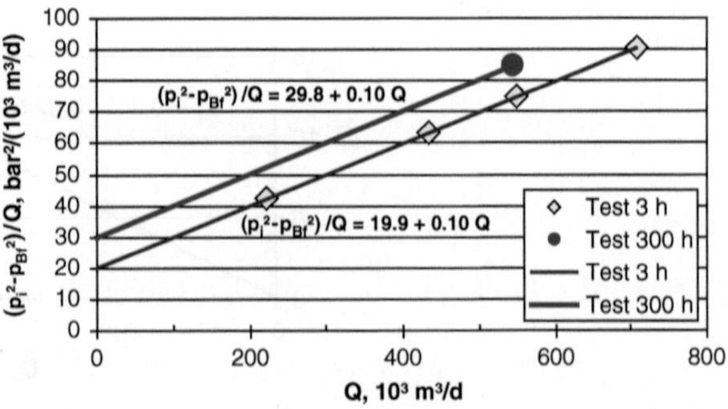

Abb. 2.8 Graphische Bestimmung der Filtrationskoeffizienten

$$\frac{p_i^2 - p_{Bf,j}^2}{Q_N} = a(t_{f,j}) + bQ_N \tag{2.4}$$

und subtrahieren die Gleichung für $j=1$ von der Gleichung $j=2$, so ergibt sich

$$\frac{p_{Bf,1}^2 - p_{Bf,2}^2}{Q_N} = a(t_{f,2}) - a(t_{f,2}) = 1{,}151 \cdot \frac{\mu p_N Tz}{\pi khT_N} \lg \frac{t_2}{t_1}. \tag{2.5}$$

Somit kann die Permeabilität bestimmt werden mit

$$k = 1{,}151 \cdot \frac{\mu p_N Tz}{\pi khT_N} \cdot \frac{\lg t_2/t_1}{a(t_{f,2}) - a(t_{f,1})}. \tag{2.6}$$

Für die Daten des vorliegenden Tests erhält man damit die Permeabilität

$$k = 1{,}151 \cdot \frac{0.000029 \cdot 101325 \cdot 398 \cdot 1{,}21}{3{,}14 \cdot 36 \cdot 273} \cdot \frac{\lg 296/3}{(25{,}7 - 17{,}2)10^{12}} = 1{,}23 \cdot 10^{-14}\mathrm{m}^2.$$

Die hier bestimmte Permeabilität ist ca. 10 % kleiner als die aus Druckaufbaumessungen bestimmte mittlere Permeabilität.

Strömungsverhältnisse im Tubing (vertical lift performance) Außer den Schichtparametern können und sollten aus den Testdaten auch die Strömungsverhältnisse des Steigrohres (tubing) charakterisiert werden. In jedem Fall ist es

Tab. 2.6 Ermittelte Größen S und Θ

Q ($10^3\,m^3/d$)	p_{Bf} (bar)	p_{St} (bar)	$p_{Bf}-p_{St}$ (bar)	S	Θ ($[bar/(m^3/d)]^2$)
0	387,30	302,30	85,00	0,248	–
222	375,01	289,31	85,70	0,245	8.1E-08
434	350,09	257,29	92,80	0,243	7.9E-08
707	292,91	167,01	125,90	0,238	8.2E-08
548	329,99	230,59	99,40	0,241	7.6E-08

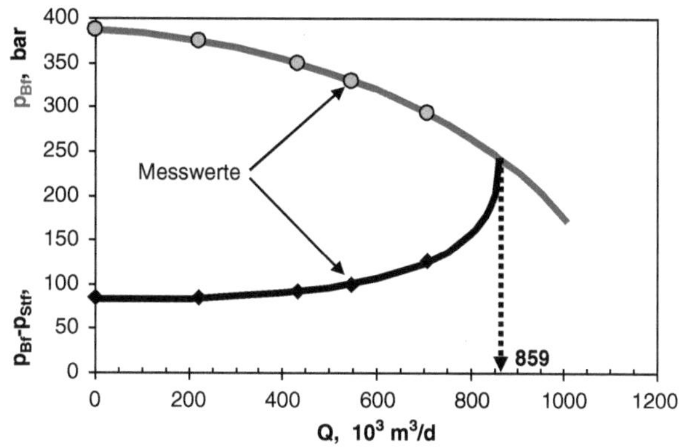

Abb. 2.9 Bestimmung der technisch maximalen Förderrate

erforderlich, die maximale Förderrate der Bohrung bei freiem ausströmen am Bohrlochkopf zu kennen. Dazu müssen neben den Sohlendrücken auch die Drücke am Bohrlochkopf gemessen werden, was in der Regel der Fall ist. Die Messwerte sind in Tab. 2.6 sind angegeben.

Aus Kap. 9 kennen wir die Gleichungen zu Berechnung der Rohrströmungsverhältnisse.

$$p_{Bf}^2 = p_{Stf}^2 e^{2S} + \Theta Q_N^2 \tag{2.7}$$

Neben den Messwerten sind in Tab. 2.6 außerdem die ermittelten Größen S und Θ angegeben.

Die mittleren Größen $S=0{,}24$ und $\Theta=8\ 10^{-8}$ $[bar/(m^3/d)]^2$ und die ermittelten Filtrationsparameter $a(3h)=19{,}9$ $bar^2/(10^3\ m^3/d)$ und $b=0{,}1$ $bar^2/(10^3\ m^3/d)^2$.wurden benutzt, um die Kurve in Abb. 2.9 zu berechnen.

Zur Ermittlung der maximalen freien Förderrate der Bohrung ist es sinnvoll, die Druckverluste in der Schicht und des Steigrohres in Abhängigkeit von der Förderrate in einem Diagramm darzustellen (vertical lift performance). Abb. 2.9 zeigt diese Darstellung. Der Schnittpunkt des Sohlendruckverlaufs mit dem Steigrohrdruckverlust ergibt die die technisch maximale Förderrate, die für diese Bohrung 859.000 m^3/d beträgt. Eine solche Darstellung ist auch sinnvoll, um zu ermitteln, in welchem Maße durch eine Erhöhung des Tubingdurchmessers die Förderrate erhöht werden kann.

Kapitel 3
Test mehrerer Bohrungen – Interferenztest

Bei einem Interferenztest werden zwei oder mehrere Bohrungen gleichzeitig untersucht. Dabei wird mindestens in einer Bohrung gefördert oder injiziert, während in den anderen Bohrungen die Druckreaktion infolge von Förderung/Injektion gemessen wird. Ziel solcher Tests ist es Informationen über die Eigenschaften der Schicht zwischen den Bohrungen zu erhalten (*inter* – zwischen, *ferre* – bringen, tragen).

3.1 Theoretische Grundlagen

Die Druckreaktion lässt sich mit dem Prinzip der örtlichen Superposition berechnen. Berücksichtigen wir vorerst zwei Bohrungen im unendlichen Strömungsraum, wobei die Druckreaktion in Bohrung 1 zu berechnen ist. Für die Druckreaktion der Bohrung 1 gilt (siehe auch Abschn. 1.6)

$$p_i - p(r_1,t) = -\frac{Q_1 B\mu}{4\pi kh} Ei\left(-\frac{r_1^2}{4at}\right) \tag{3.1}$$

und für die zusätzliche Druckreaktion der Bohrung 0

$$p(r_1,t) - p(r_0,t) = -\frac{Q_0 B\mu}{4\pi kh} Ei\left(-\frac{r_{01}^2}{4at}\right) \tag{3.2}$$

mit dem Abstand der beiden Bohrungen voneinander.

Die Summe beider Reaktionen ist dann

$$p_i - p(r_1,t) = -\frac{\mu}{4\pi kh}\left[Q_0 B \cdot Ei\left(-\frac{r_{01}^2}{4at}\right) + Q_1 B \cdot Ei\left(-\frac{r_1^2}{4at}\right)\right]. \tag{3.3}$$

Für eine Anzahl von n Bohrungen ergibt sich damit

$$p_1 - p(r,t) = -\frac{\mu}{4\pi kh}\sum_{i=0}^{n}(QB)_i \cdot Ei\left(-\frac{r_{i1}^2}{4at}\right). \tag{3.4}$$

H.-D. Voigt, *Lagerstättentechnik*,
DOI 10.1007/978-3-642-21013-6_3,

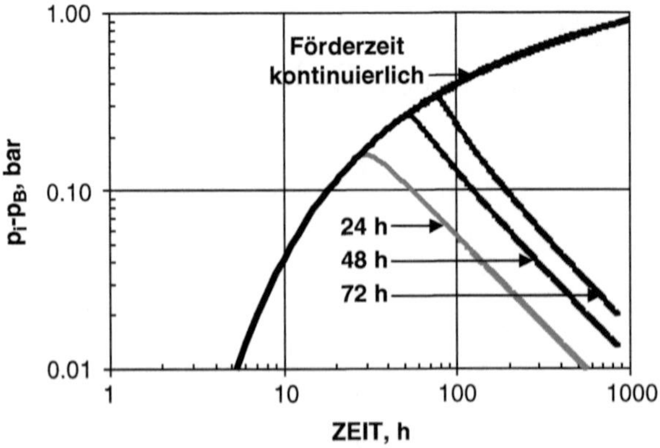

Abb. 3.1 Druckreaktionen in der Beobachtungsbohrung für drei unterschiedliche Förderszenarien

In der Praxis wird oftmals eine Anordnung mit zwei Bohrungen getestet, wobei nur Bohrung 0 fördert und Bohrung 1 beobachtet wird. Für diesen Fall ergibt sich

$$p_i - p(r_1, t) = -\frac{Q_0 B \mu}{4\pi kh} Ei\left(-\frac{r_{01}^2}{4at}\right). \tag{3.5}$$

Neben dieser örtlichen Superposition kann außerdem die zeitliche Superposition angewendet werden, wie an folgendem Beispiel gezeigt wird. Die aktive Bohrung fördert in drei unterschiedlichen Fällen 24 Stunden, 48 Stunden oder 72 Stunden und wird danach jeweils geschlossen. Für diese Fälle werden in der Beobachtungsbohrung mit den unten gegebenen Parametern die in Abb. 3.1 angegebenen Druckreaktionen gemessen.

$$\begin{aligned} k &= 2 \cdot 10^{-13}\ \mathrm{m}^2, & r_{01} &= 800\ \mathrm{m}^2 \\ \mu &= 5 \cdot 10^{-04}\ \mathrm{Pa\,s}, & h &= 50\,\mathrm{m}^2 \\ \phi &= 0.1 \quad -, & Q &= 0.005787\ \mathrm{m}^3/\mathrm{s} \\ c_t &= 1 \cdot 10^{-09}\ 1/\mathrm{Pa}, & &= 500\ \mathrm{m}^3/\mathrm{d} \end{aligned}$$

3.2 Interferenztest mit Berücksichtigung von Nachproduktion und Skineffekt in beiden Bohrungen

In den bisherigen Darstellungen wurde angenommen, dass sowohl in der Förder- als auch in der Beobachtungsbohrung Skinfaktor und Nachproduktion nicht vorhanden bzw. ohne Einfluss sind. Dies ist in der Praxis jedoch häufig nicht der Fall. Tongpenyai und Raghavan (1981) und Ogbe und Brigham (1989) entwickelten deshalb Lösungen, die diese Einflüsse berücksichtigen. Beide Lösungen zeigen sehr gute Übereinstimmung obwohl Ogbe und Brigham (1989) mit dem Konzept der Linienquelle ein einfacheres Modell nutzten. Nachfolgend werden die Lösungen von Ogbe und Brigham (1989) verwendet, da der Rechenaufwand geringer ist. Die

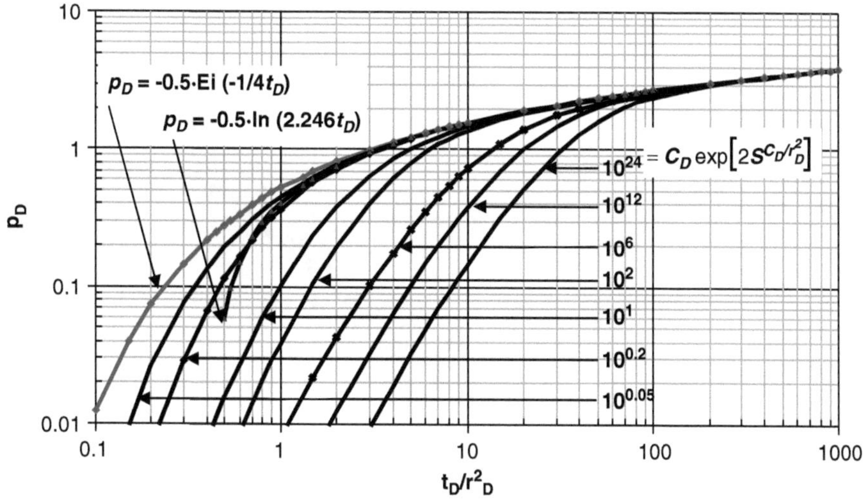

Abb. 3.2 Typkurven zur Druckreaktion in der Beobachtungsbohrung unter Berücksichtigung von Nachproduktion und Skin in beiden Bohrungen. (Nach Ogbe und Brigham 1989)

berechneten Typkurven sind in Abb. 3.2 dargestellt. Hierbei wurde die Korrelation von Ogbe und Brigham (1989) genutzt. Die Autoren entwickelten einen komplexen Korrelationsparameter für Nachproduktion und Skin

$$C_D \exp\left[2S^{C_D/r_D^2}\right] \tag{3.6}$$

und zeigten, dass das Produkt dieses Parameters von beiden Bohrungen auch für eine Dublette anwendbar ist

$$C_D \exp\left[2S^{C_D/r_D^2}\right] = C_{D1} \exp\left[2{S_1}^{C_{D1}/r_D^2}\right] \cdot C_{D2} \exp\left[2{S_2}^{C_{D2}/r_D^2}\right]. \tag{3.7}$$

3.3 Beispiel eines Interferenztests

Bei einem Interferenztest wurde in der Beobachtungsbohrung die in Abb. 3.3 gezeigte Druckentwicklung gemessen. An den streuenden Messwerten zeigt sich, dass der Test nicht optimal geplant wurde. Die Empfindlichkeit des eingesetzten Tiefenmanometers ist zu gering, jedoch wurde eine große Messwertdichte gewählt. Die große Messwertdichte ermöglicht die gleitende Mittelung der Werte, wie Abb. 3.3 zeigt, und liefert einen vertrauenswürdigen Trend der Druckreaktion, der so eine Interpretation möglich macht. Die weiteren Daten zum Interferenztest sind in Tab. 3.1 angegeben.

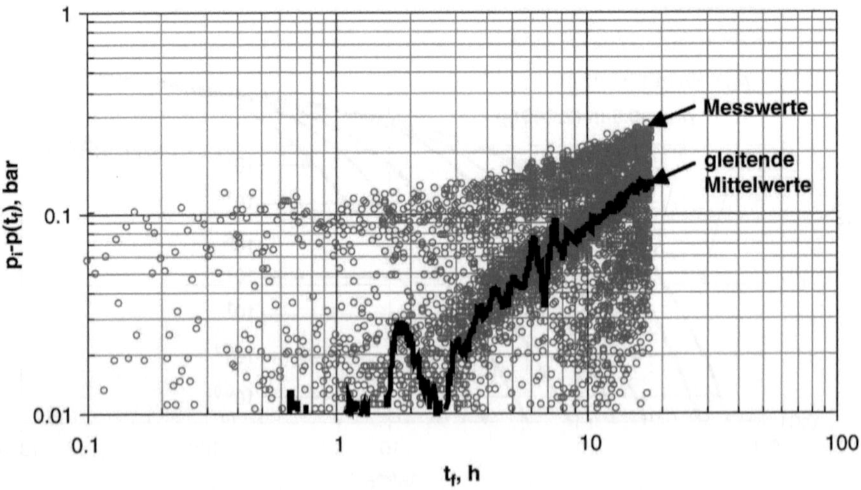

Abb. 3.3 Druckreaktion in der Beobachtungsbohrung bei einem Interferenztest (Messwerte und gleitende Mittelung der Messwerte)

Tab. 3.1 Daten des Interferenztests

Parameter	Wert	Dimension	Parameter	Wert	Dimension
$Q \cdot B$	14	m^3/h	r_B	0,07	m
h	38	m^3/m^3	r	280	m
μ	0,8	mPa s	c_t	$3 \cdot 10^{-4}$	bar^{-1}

Typkurven Interpretation Die Typkurven-Analyse in Abb. 3.4 zeigt, dass Nachproduktion und Skineffekt in den Bohrungen einen Einfluss haben und die Kurve mit dem komplexen Parameter

$$p_D C_D \exp\left[2S^{C_D/r_D^2}\right] = 10^{0.05} = 1.12$$

die beste Übereinstimmung ergibt. Daraus ergibt sich folgender Deckungspunkt (Match-Punkt).

$$p_D = 1, \qquad t_D/r^2{}_D = 1,$$
$$\Delta p = 0.2\,\text{bar}, \qquad t = 9\,\text{h}.$$

Die Umstellung des dimensionslosen Druckes nach der Permeabilität und das nachfolgende Einsetzen der Parameter aus Tab. 3.1 und des Match-Punktes für den Druck liefert dann folgende Permeabilität:

$$k = p_D \cdot \frac{QB\,\mu}{2\pi h\,\Delta p} = 1 \cdot \frac{14/3600 \cdot 0{,}8/1000}{6{,}28 \cdot 38 \cdot 20000} = 5{,}5 \cdot 10^{-13}\text{m}^2$$

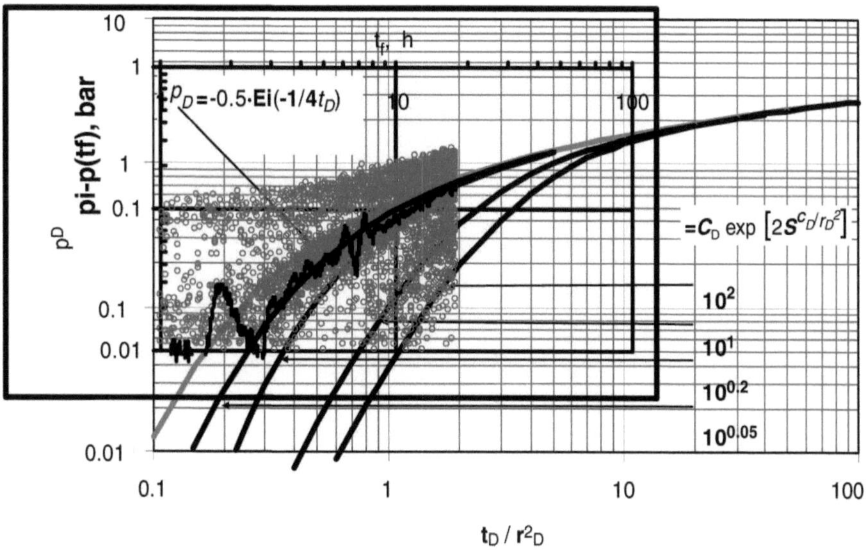

Abb. 3.4 Typkurven-Matsch des Interferenztests – Typkurven nach Ogbe und Brigham (1989)

Eine analoge Bearbeitung mit Nutzung des Match-Punktes für die Zeit ergibt dann eine Porosität von

$$\phi = \frac{1}{t_D/r_D^2} \cdot \frac{k\,t}{\mu\,c\,r^2} = 1 \cdot \frac{5{,}5 \cdot 10^{-13} \cdot 32400}{0{,}8/10^3 \cdot 280^2} = 0.11.$$

Literatur

Ogbe DO, Brigham WE (1989) A correlation for interference testing with wellbore-storage and skin effects. SPE Formation Eval 391–396

Tongpenyai Y, Raghavan R (1981) The effect of wellbore storage and skin on interference test data. J Pet Technol 33:151–160

Kapitel 4
Strömung zu horizontalen Bohrungen

Die horizontale Bohrtechnik bzw. das gerichtete Bohren hat sich in den vergangenen 30 Jahren enorm entwickelt, so dass derzeitig Bohrungen bis zu einem Verhältnis von Länge zu Teufe von etwa 7 geteuft werden können (s. Abb. 4.1). In gleichem Maße wurden die Interpretationsmethoden für diese speziellen Strömungsvorgänge zur Interpretation hydraulischer Tests weiterentwickelt. Aus der Vielzahl der vorhandenen Entwicklungsrichtungen wurde hier versucht, die Strömungsvorgänge in möglichst einfacher Form darzustellen.

4.1 Stationäre Fluidströmung zu einer horizontalen Bohrung

In Abb. 4.2 ist das Strömungsmodell für eine horizontale Bohrung dargestellt. Diese dreidimensionale Strömung lässt sich vereinfacht in zwei zweidimensionale Strömungsformen unterteilen. Abbildung 4.2 zeigt, dass sich unmittelbar um die Bohrung in der vertikalen Schnittebene eine zylindersymmetrische Strömung ausbildet (Abb. 4.2a), während in der horizontalen Ebene das Fluid auf elliptischen Strömungslinien fließt (Abb. 4.2b).

Nach Joshi (1988) ergibt sich für diese kombinierte Strömungsform folgende Gleichung für den Produktivitätsindex bei stationärer Strömung:

$$PI = \frac{Q}{\Delta p} = \frac{2\pi kh}{\mu B} \cdot \frac{1}{\ln \frac{r_E}{r_{Beff}}} \tag{4.1}$$

DOI 10.1007/978-3-642-21013-6_4,

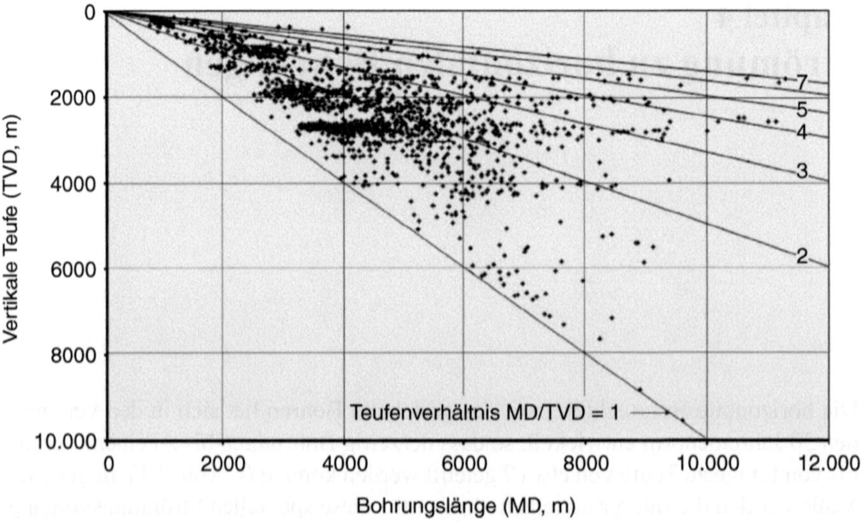

Abb. 4.1 Verhältnis von Länge zur Teufe von Horizontalbohrungen (zusammengestellt aus veröffentlichten Literaturdaten)

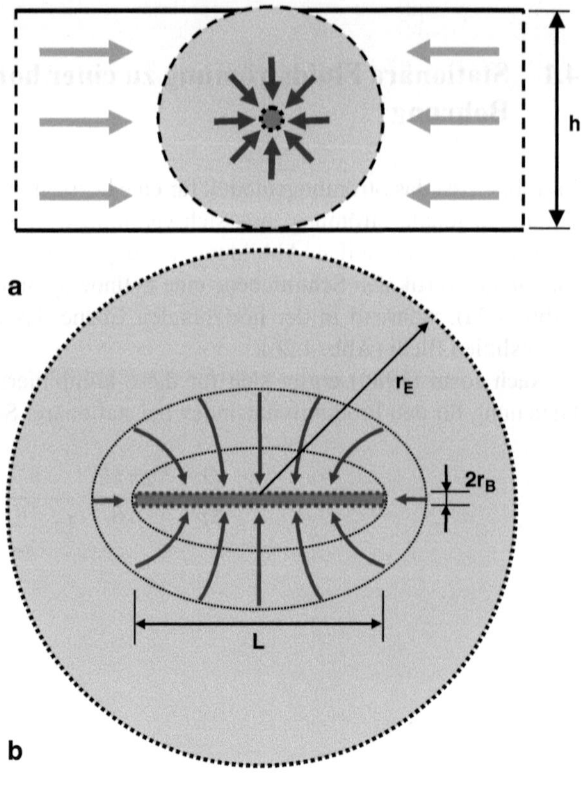

Abb. 4.2 Strömungsmodell zu einer horizontalen Bohrung (**a**) Horizontale Sicht (**b**) Draufsicht

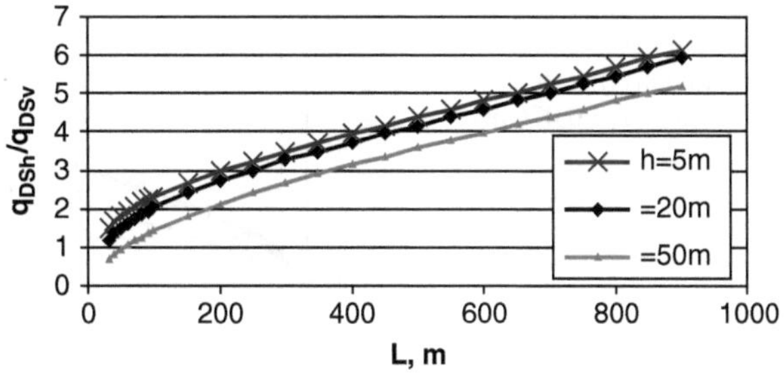

Abb. 4.3 Einfluss der Schichtmächtigkeit und die Länge einer horizontalen Bohrung auf das Produktivitätsverhältnis ($k_v/k_h=1$, $r_E=1000$ m, $r_B=0{,}076$ m)

oder in Form des dimensionslosen Volumenstroms

$$\frac{QB\mu \cdot \Delta p}{2\pi kh} = q_{DSh} = \frac{1}{\ln \dfrac{r_E}{r_{Beff}}}$$

$$\text{mit} \quad r_{Beff} = \frac{L/2}{\dfrac{a}{r_E}\left[1+\sqrt{1-\left(\dfrac{L}{2a}\right)^2}\right]} \cdot \left[\frac{2r_B}{\beta h}\right]^{\frac{\beta h}{L}} \tag{4.2}$$

$$\text{und} \quad a = \frac{L}{2}\sqrt{0.5+\sqrt{0.25+\left(\frac{r_E}{2L}\right)^4}}, \quad \beta = \sqrt{\frac{k_h}{k_v}}$$

Für eine vertikale Bohrung für $S=0$ d. h. $r_{Beff}=r_B$ hat die Strömungsgleichung prinzipiell die gleiche Form und lautet

$$PI_v = \frac{Q}{\Delta p} = \frac{2\pi kh}{\mu B} \cdot \frac{1}{\ln \dfrac{r_E}{r_B}} \quad \text{oder} \quad q_{DSv} = \frac{1}{\ln \dfrac{r_E}{r_{Beff}}}. \tag{4.3}$$

Unter Verwendung dieser Gleichungen kann die Produktivität einer horizontalen im Verhältnis zu einer vertikalen Bohrung betrachtet werden. Das Produktivitätsverhältnis steigt logischer Weise mit wachsender Länge der Bohrung. Die Effektivität einer horizontalen gegenüber einer vertikalen Bohrung fällt jedoch mit steigender Schichtmächtigkeit (Abb. 4.3) und mit geringer werdender vertikaler Permeabilität der Schicht (Abb. 4.4).

Bei der Darstellung der Produktivitätsverhältnisse wurden bisher die Rohrreibungsverluste im horizontalen Teil der Bohrung nicht berücksichtigt. Wird eine relative Rohrrauigkeit von $k/D=0{,}1$ angenommen, so kann die Beziehung von Haaland (1983) für die Berechnung des Rohrreibungskoeffizienten im horizontalen Bohrungsabschnitt verwendet werden.

$$\lambda = 4\Big/\left\{-3.6\lg 6.9/Re + (k/3.7D)^{1.111}\right\}^2 \tag{4.4}$$

Abb. 4.4 Einfluss der Anisotropie auf das Produktivitätsverhältnis (h = 50 m, r_E = 1000 m, r_B = 0,076 m)

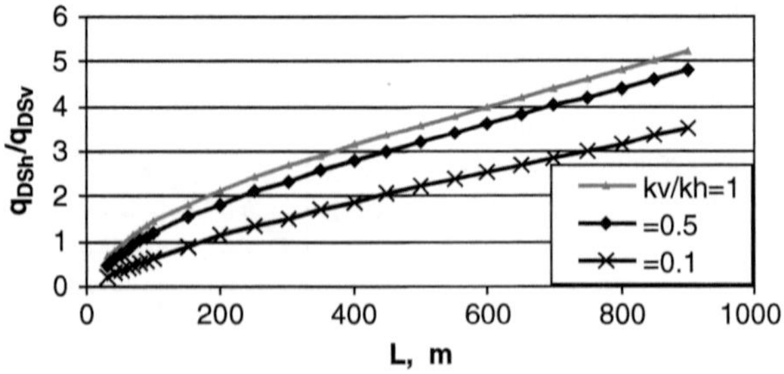

Abb. 4.5 Einfluss der Rohrreibung auf das Produktivitätsverhältnis einer horizontalen Bohrung (k_v/k_h = 1, h = 20 m, r_E = 1000 m, r_B = 0,076 m)

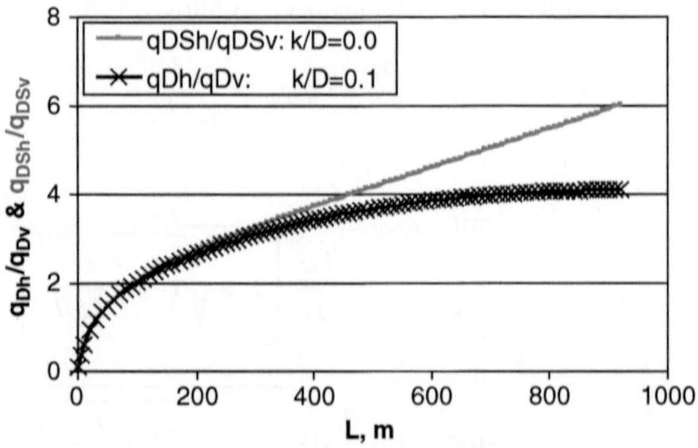

Abb. 4.6 Abhängigkeit zwischen *kh* und Länge einer Horizontalbohrung für $\Delta p_{Rohrreibung}/\Delta p_{Schicht} = 0{,}1$

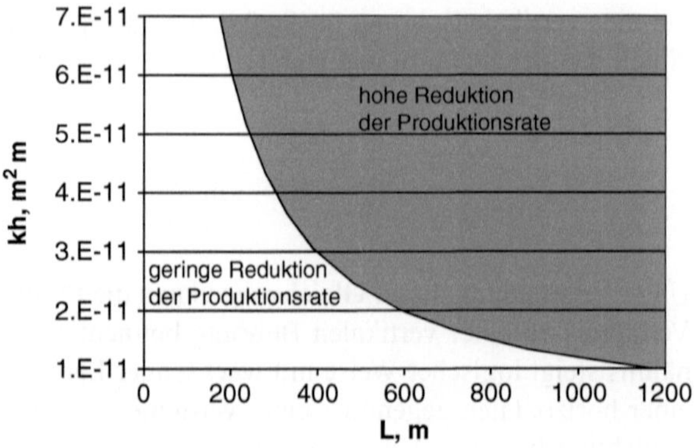

Die Druckverluste können dann nach Darcy-Weisbach berechnet werden (s. Kap. 10) und zeigen den in Abb. 4.5 dargestellten Einfluss. Abbildung 4.5 zeigt, dass eine längere Bohrung als etwa 500 m in zunehmendem Maß uneffektiv ist. Eine allgemeine Abhängigkeit zwischen dem Produkt *kh* der Schicht und der Bohrungslänge sowie dem Einfluss der Druckverluste durch Rohrreibung ist in Abb. 4.6 angegeben. Dabei wurde vorausgesetzt, dass die Druckverluste im Rohr nur 10 % der Druckverluste in der Schicht betragen sollen.

4.2 Instationäre Fluidströmung zu einer horizontalen Bohrung

Für die Beschreibung der instationären Strömung zu einer horizontalen Bohrung ist es zweckmäßig, entsprechende Computerprogramme zu nutzen. Eine zweite Möglichkeit besteht in der Darstellung der Lösungen dieser komplexen Strömungsvorgänge in Form von Typkurven. Diese Darstellung hat gegenüber den Computerprogrammen den Vorteil, dass sie ein besseres Verständnis der Strömungsvorgänge ermöglicht. Nachfolgend sollen die Lösungen von Clonts und Ramey (1986) genutzt werden.

Für die Darstellung der Typkurven werden folgende dimensionslose Größen verwendet:

Dimensionsloser Druck, dimensionslose Zeit, dimensionslose Bohrungslänge und dimensionsloser Bohrungsradius:

$$p_D = \frac{2\pi\, kh(p_i - p_B)}{QB\mu}, \quad t_D = \frac{4\,kt}{\mu\phi c_t L^2}, \quad L_D = \frac{L}{2h}\sqrt{\frac{k_v}{k_h}}, \quad r_{BD} = \frac{2r_B}{L}. \tag{4.5}$$

Die Typkurven sind in Abb. 4.7 dargestellt.

Nach dem Start der Strömung zu einer horizontalen Bohrung stellt sich zuerst eine vertikale radiale Strömung um die Bohrung entsprechend Abb. 4.2a ein. Danach folgt ein Übergangsbereich bis sich eine pseudo-radiale Strömung um die horizontale Bohrung einstellt (Abb. 4.2b). Entsprechend diesen Strömungsformen lassen sich aus den komplexen Lösungen des Strömungsproblems, wie sie in Form der Typkurven in Abb. 4.7 dargestellt sind, die folgenden Näherungslösungen ableiten.

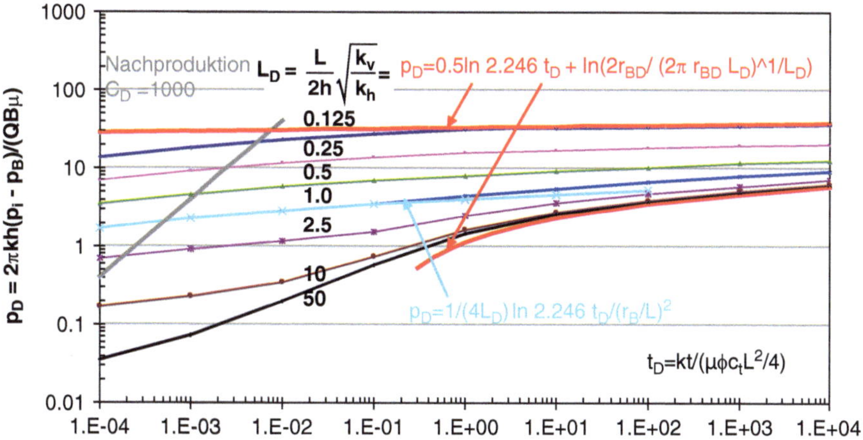

Abb. 4.7 Typkurven zur Druckentwicklung einer horizontalen Bohrung, bei konstanter Förderrate Q. Die Bohrung befindet sich im Zentrum der Schicht ($z_D = z_B/h = 0{,}5$), der Druck wird in der Mitte der Bohrung gemessen ($x_D = 0$) und der Bohrungsdurchmesser ist klein gegenüber der Bohrungslänge ($r_{BD} = 2r_B/L = 0{,}0005$)

Diese Lösungen können neben den Typkurven für die Interpretation von Testergebnissen aus solchen Bohrungen genutzt werden.

Für die frühe vertikale radiale Strömung gilt

$$p_D = \frac{1}{4L_D}\left(\ln\frac{2.246t_D}{(r_B/L_D)^2}\right), \tag{4.6}$$

und für die pseudo-radiale Strömung (Langzeitnäherung) ergibt sich nach Daviau et al. (1985) folgende Beziehung:

$$p_D = \frac{1}{2}\ln\frac{2{,}246\cdot t_D}{r_{BD}^2} + \ln\frac{2r_{BD}}{(2\pi r_{BD}L_D)^{1/L_D}}. \tag{4.7}$$

Beide Näherungslösungen sind gleichfalls in Abb. 4.7 dargestellt. Zusätzlich ist der Zeitbereich angegeben, in dem Testmessungen durch den Nachproduktionseinfluss überprägt werden.

4.3 Beispiel eines Tests

Folgende Parameter für einen Produktionstest sind gegeben:

$L = 905\,\text{m}$, $h = 34\,\text{m}$

$Q = 141\,\text{m}^3/\text{d}$, $\mu = 2\ \text{Pas}$

$B = 1.1$, $k_v/k_h = 0.6$

Während des gesamten Testes von 259 Tage Dauer wurde der Bohrlochsohlendruck gemessen. Alle Messwerte sind in Abb. 4.8 dargestellt.

Aus den gegebenen Parametern ergibt sich die dimensionslose Länge der Bohrung von

$$L_D = \frac{905}{68}\sqrt{0.6} \approx 10.$$

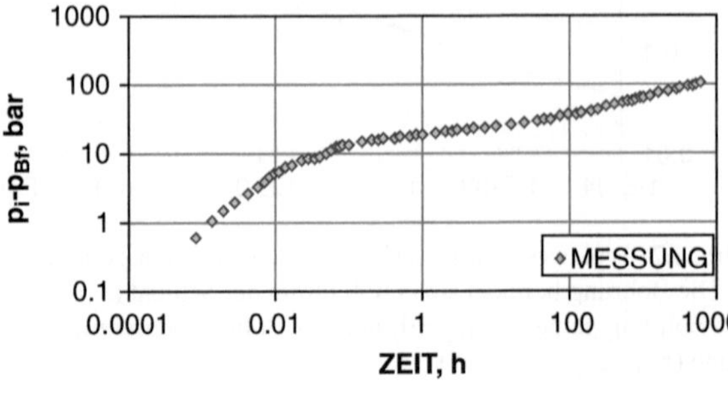

Abb. 4.8 Druckmessungen während des Produktionstests einer Horizontalbohrung

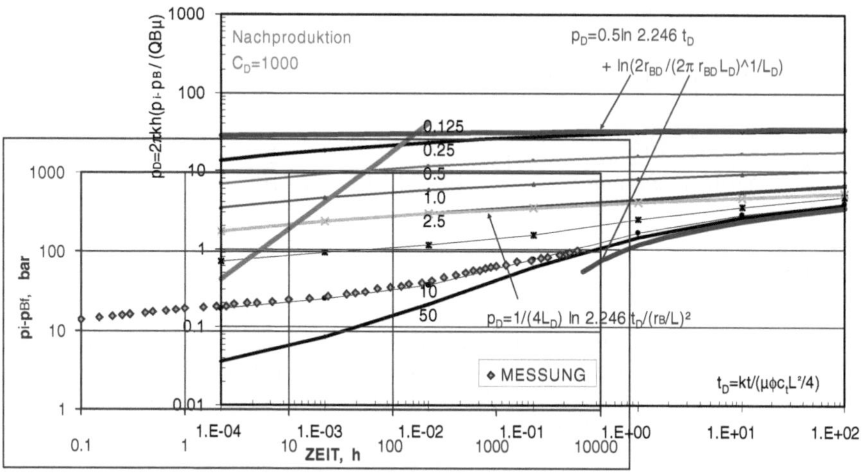

Abb. 4.9 Typkurven-Match der beim Test gemessenen Fließdruckentwicklung

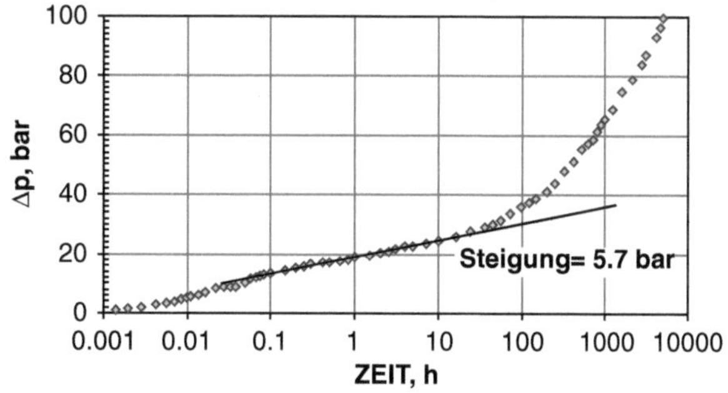

Abb. 4.10 Halblogarithmische Darstellung der beim Test gemessenen Fließdruckentwicklung

Für den Typkurven-Match (Abb. 4.9) wurden die durch Nachproduktion beeinflussten Druckwerte (t_f< 0,1 h) nicht verwendet.

Aus dem Typkurven-Match (Abb. 4.9) ergibt sich die beste Übereinstimmung mit L_D = 10, und man erhält

$$p_D = 0.9 \quad bei \quad \Delta p = 100\, bar.$$

Die Berechnung der Permeabilität liefert einen Wert von

$$k = p_D \frac{QB\mu}{2\pi h \Delta p} = 0{,}9 \cdot \frac{141/86400 \cdot 1{,}1 \cdot 2}{6{,}28 \cdot 34 \cdot 100 \cdot 10^5} = 1{,}5 \cdot 10^{-12}\,\mathrm{m}^2.$$

Eine weitere Möglichkeit zur Berechnung der Permeabilität besteht in der Nutzung der Näherungslösung für die frühe vertikale radiale Strömung. Die Darstellung Δp = f(lg t_f) in Abb. 4.10 liefert eine Steigung von 5,7 bar.

Damit kann eine Permeabilität von 1,7 10^{-12} m^2 berechnet werden. Dieser Wert stimmt für praktische Verhältnisse gut mit dem aus dem Typkurven-Match berechneten Wert von 1,5 10^{-12} m^2 überein.

$$k = \frac{1{,}15\,QB\mu}{\pi h 4L_D \cdot Steigung} = 1{,}15 \frac{141/86400 \cdot 1{,}1 \cdot 2}{3{,}14 \cdot 34 \cdot 40 \cdot 5{,}7 \cdot 10^5} = 1{,}7 \cdot 10^{-12}\,\mathrm{m}^2.$$

Literatur

Clonts MD, Ramey HJ Jr (1986) Pressure transient analysis for wells with horizontal drainholes. Paper SPE 15116, presented at the California Regional Meeting, Oakland, CA, April 2–4

Daviau F, Mouronval G, Bourdarot G (1985) Pressure analysis for horizontal wells. SPE Paper 14251, presented at the Annual Technical Conference and Exhibition, Las Vegas, NV, Sept. 22–25

Haaland SE (1983) Simple and explicit formulas for friction factor in turbulent pipe flow. J Fluids Eng 105(1):89–90

Joshi SD (1988) Argumentation of well productivity using slant and horizontal wells. J Pet Technol 40:729–739

Kapitel 5
Strömung zu vertikal gefracten Bohrungen

Das schematische Strömungsmodell einer vertikal gefracten Bohrung ist in Abb. 5.1 dargestellt, dabei ist vorausgesetzt, dass der Frac (Riss) die gesamte produzierende Mächtigkeit der Schicht vollständig durchschneidet. Das Fluid strömt somit von der Formation in den Frac und vom Frac weiter in die Bohrung.

5.1 Stationäre Fluidströmung zu einer vertikal gefracten Bohrung

Für die stationäre Strömung zu einer ungefracten Bohrung kann in dimensionsloser Form folgende Beziehung geschrieben werden

$$p_D = \frac{1}{q_D} = \ln \frac{r_E}{r_B}. \tag{5.1}$$

Mit dem dimensionslosen Druck bzw. der dimensionslosen Förderrate

$$p_D = \frac{1}{q_D} = \frac{2\pi kh(p_i - p_B)}{QB\mu}. \tag{5.2}$$

In analoger Weise kann diese Beziehung für eine gefracte Bohrung geschrieben werden

$$p_{Df} = \frac{1}{q_D} = \ln \frac{r_E}{r_{Beff}}. \tag{5.3}$$

Für den effektiven Bohrungsradius gilt die von Prats (1961) entwickelte dimensionslose Abhängigkeit in Abb. 5.2.

Aus Abb. 5.2 ergibt sich bei hoher Frac-Leitfähigkeit für den effektiven Bohrungsradius r_{Beff}=0,25L und damit folgende dimensionslose Beziehung

H.-D. Voigt, *Lagerstättentechnik*,
DOI 10.1007/978-3-642-21013-6_5, © Springer-Verlag Berlin Heidelberg 2011

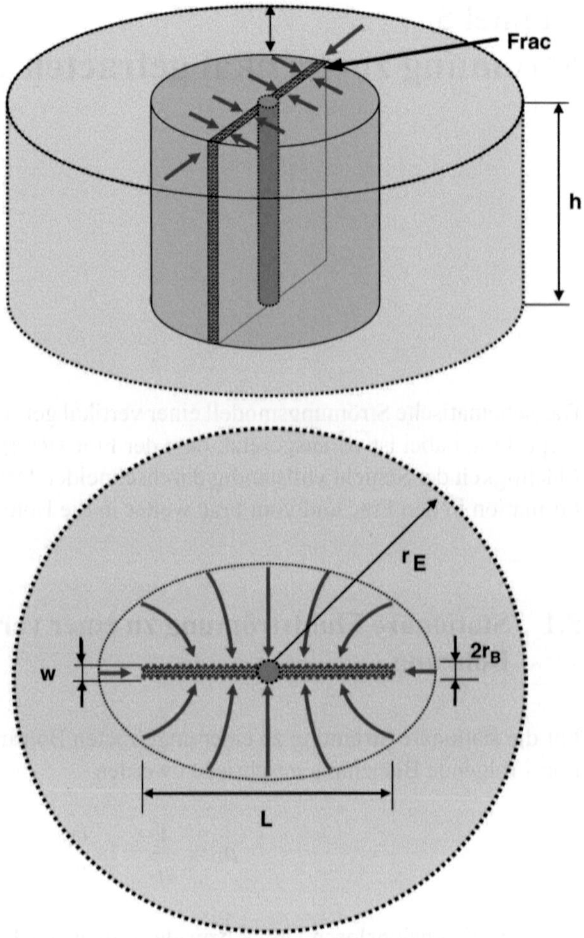

Abb. 5.1 Schematische Darstellung eines vertikalen Fracs in einer produktiven Schicht

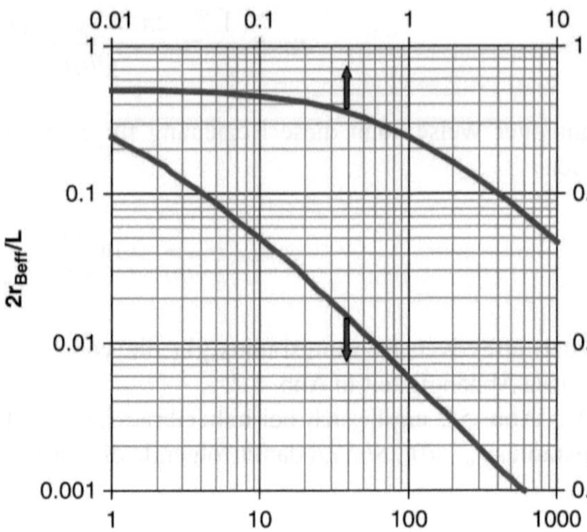

Abb. 5.2 Effektiver dimensionsloser Bohrungsradius in Abhängigkeit von der dimensionslosen Frac Leitfähigkeit. (Nach Prats 1961)

$$p_{Df} = \frac{1}{q_{Df}} = \ln\frac{4r_E}{L}. \tag{5.4}$$

Wird nun das Verhältnis der Produktivitätsindizes von gefracter zu ungefracter Bohrung ermittelt, so ergibt sich

$$\frac{PI_f}{PI} = \frac{p_{Df}}{p_D} = \frac{q_D}{q_{Df}} = \frac{\ln\dfrac{r_E}{r_B}}{\ln\dfrac{r_E}{r_{Bf}}} \approx \frac{\ln\dfrac{r_E}{r_B}}{\ln\dfrac{4r_E}{L}} \tag{5.5}$$

Mit dieser Beziehung lässt sich die maximale Produktionssteigerung berechnen, die durch einen Frac mit definierter Ausweitung erreicht werden kann.

Nehmen wir die folgenden Parameter an

$$r_E = 1000\,\text{m}, \quad L = 200\,\text{m}, \quad r_B = 0{,}1,$$

so ergibt

$$\frac{PI_f}{PI} = \frac{9{,}210}{2{,}996} = 3{,}1,$$

d. h., dass mit einem Frac für diese Verhältnisse maximal eine 3-fache Produktivitätssteigerung einer Bohrung möglich ist. Ein Frac ist somit eine Stimulationsmaßnahme der Bohrung, das entfernte Reservoirgebiet bleibt davon unbeeinflusst.

5.2 Instationäre Fluidströmung zu einer vertikal gefracten Bohrung

Bei der Strömung des Fluids von der Formation über den Frac in die Bohrung stellen sich bevorzugt unterschiedliche Strömungsgeometrien ein. Nach dem Start der Strömung ist wie bei jedem Strömungsproblem zu einer Bohrung die Nachproduktion dominierend. Die Nachproduktion überprägt auch die erste lineare Strömung aus dem Frac, so dass diese für die Praxis nicht relevant ist. Anschließend fließt das Fluid linear im Frac und in der Formation, es tritt die sogenannte *bilineare Strömungsperiode* auf, die bei Strömung mit konstanter Rate durch folgende Gleichung charakterisiert ist (Cinco und Samaniego 1981)

$$p_{Df} = \frac{\pi}{\sqrt{4k_f w/(kL)} \cdot \Gamma(5/4)} t_D^{0{,}25}. \tag{5.6}$$

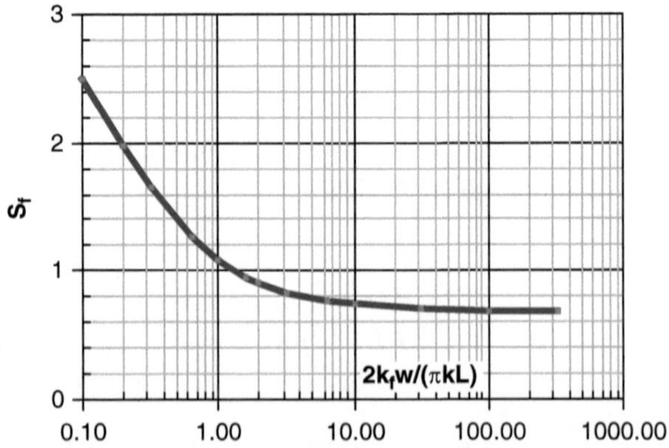

Abb. 5.3 Frac-Skinfaktor in Abhängigkeit von der dimensionslosen Frac-Leifähigkeit

Für große Frac-Leitfähigkeiten sind die Strömungsverluste im Frac gering, so dass deren Einfluss gleichfalls gering ist und nur die *lineare Formationsströmung* im Druckverlauf einer Bohrung in Form folgender Abhängigkeit bemerkt wird.

$$p_D = \sqrt{\pi t_D} + \frac{1}{6 \cdot k_f w/(\pi k L)}. \tag{5.7}$$

Anschließend stellt sich eine *pseudo-radiale Strömung* aus ferneren Reservoirbereichen ein. Für die Annahme eines unendlich ausgedehnten Reservoirs ergibt für die Strömung folgende Beziehung:

$$p_D = \frac{1}{2} \ln 2{,}246 \cdot t_D + S_f \quad \text{mit} \quad t_D = \frac{4kt}{\mu \phi_t L^2}. \tag{5.8}$$

Der Frac-Skinfaktor S_f hängt von der Frac-Leifähigkeit ab und ist in Abb. 5.3 angegeben.

Die gesamte Lösung der instationären Strömung einer vertikal gefracten Bohrung, die in einer unendlich ausgedehnten Schicht mit konstanter Rate fördert, wurde von Cinco et al. (1978) entwickelt. Die Lösung ist in Form von Typkurven in Abb. 5.4 gemeinsam mit den Näherungslösungen angegeben. Der Gültigkeitsbereich der Näherungslösungen lässt sich aus Abb. 5.4 erkennen.

5.3 Testbeispiel

Von einem Bohrungstest sind die folgenden Daten gegeben:

$Q = 39{,}75\,\text{m}^3/\text{d} = 0{,}00046\,\text{m}^3/\text{s}$, $B = 1{,}65$
$\mu = 0{,}85\,\text{mPa s} = 0{,}00085\,\text{Pa s}$ $h = 9{,}14\,\text{m}$,
$p_i - p_{Bf} = \text{f}(t)\,\text{bar}$, $r_B = 0{,}0762\,\text{m}$,
$c_t = 2{,}9\,10^{-4}\,\text{bar}^{-1} = 2{,}9\,10^{-9}\,\text{Pa}^{-1}$, $\phi = 0{,}3$

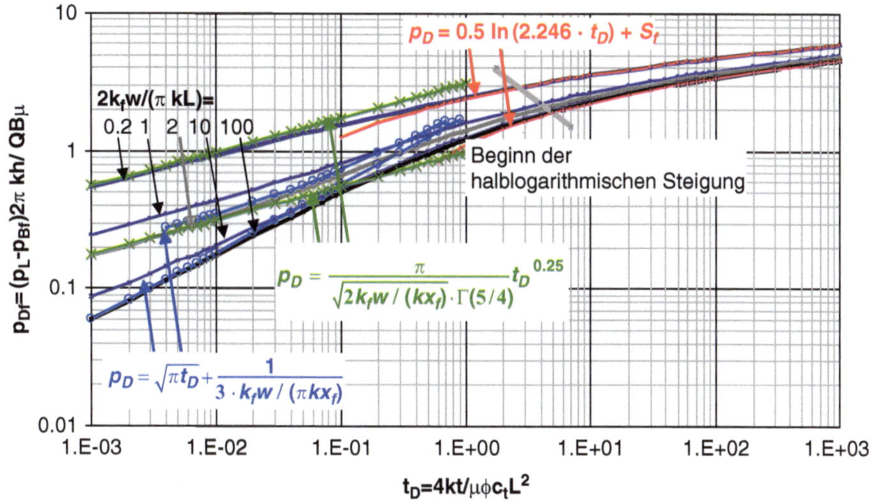

Abb. 5.4 Typkurven für eine vertikal gefracte Bohrung bei Produktion mit konstanter Rate. (Nach Cinco et al. 1978)

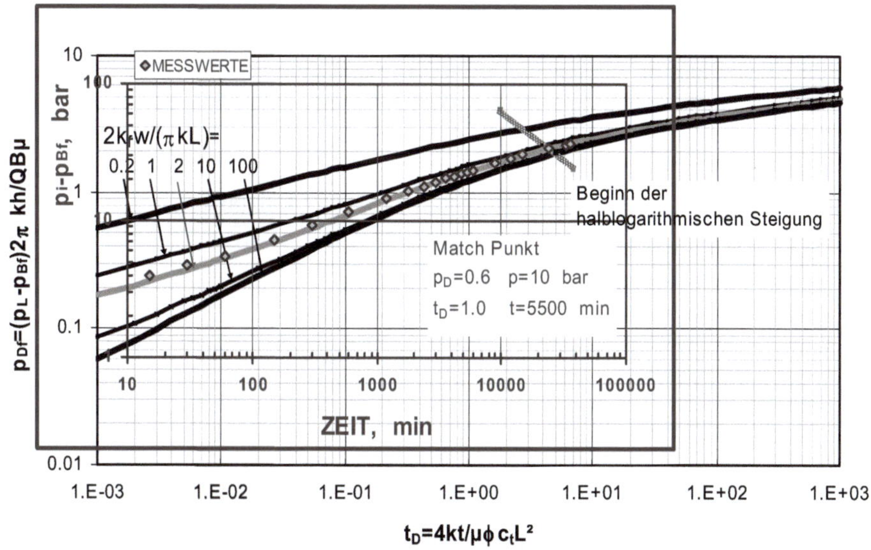

Abb. 5.5 Typkurven- Match der Fließdruckdaten

Typkurven-Interpretation Die gemessenen Druckwerte wurden in Abb. 5.5 mit den Typkurven in Übereinstimmung gebracht (Typkurven-Match). Daraus ergibt sich folgender Deckungspunkt (Match-Punkt)

$p_D = 0{,}6, \qquad \Delta p = 10\,\text{bar} = 10^6\,\text{Pa},$

$t_D = 1{,}0, \qquad t = 5500\,\text{min} = 330.000\,\text{s}.$

Abb. 5.6 Halblogarithmische Darstellung der Fließdruckdaten einer gefracten Bohrung

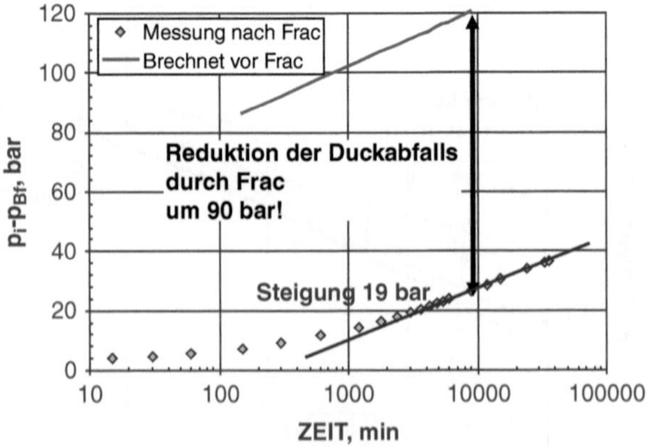

Mit der Definition für den dimensionslosen Druck lässt sich in folgender Weise die Permeabilität berechnen:

$$k = p_D \cdot \frac{QB\mu}{2\pi h \cdot \Delta p} = 0{,}6 \cdot \frac{0{,}00046 \cdot 1{,}65 \cdot 0{,}00085}{6{,}28 \cdot 9{,}14 \cdot 10^6} = 6{,}7 \cdot 10^{-15}\mathrm{m}^2 \approx 6{,}7\ \mathrm{mD}.$$

Durch Umstellung der dimensionslosen Zeit kann eine gesamte Frac-Länge von 110 m berechnet werden, d. h. die Frac-Halblänge auf jeder Seite der Bohrung beträgt 55 m.

$$L = \sqrt{\frac{1}{t_D} \cdot \frac{4kt}{\mu\phi c_t}} = \sqrt{\frac{1}{1{,}0} \cdot \frac{4 \cdot 6{,}7 \cdot 10^{-15} \cdot 330000}{0{,}00085 \cdot 0{,}3 \cdot 2{,}9 \cdot 10^{-9}}} = 110\ \mathrm{m}.$$

Interpretation der pseudo-radialen Strömungsperiode In der pseudo-radialen Strömungsperiode ergibt eine Darstellung $\Delta p = \mathrm{f}(\log t)$ eine Gerade aus deren Steigung die Permeabilität berechnet werden kann nach

$$k = 1{,}151 \cdot \frac{QB\mu}{2\pi h \cdot Steigung}.$$

In Abb. 5.5 sind die Messwerte dargestellt und ergeben eine Steigung von 19 bar oder $1{,}9 \cdot 10^6$ Pa. Aus dieser Steigung ergibt sich eine Permeabilität von

$$k = 1{,}151 \cdot \frac{0{,}00046 \cdot 1{,}65 \cdot 0{,}00085}{6{,}28 \cdot 9{,}14 \cdot 1{,}9\,10^6} = 6{,}8 \cdot 10^{-15}\mathrm{m}^2 \approx 6{,}8\ \mathrm{mD}.$$

Wird diese Permeabilität zu Grunde gelegt, so ergibt sich, dass durch die Stimulation der Bohrung eine Reduktion des Druckabfalls um etwa 90 bar erreicht wurde (Abb. 5.6).

Literatur

Cinco LH, Samaniego VF (1981) Transient pressure analysis for fractured wells. J Pet Technol 33:1749–1766

Cinco LH, Samaniego VF, Domingues AN (1978) Transient pressure behavior for a well with a finite-conductivity vertical fracture. Soc Pet Eng J 18:253–264

Prats M (1961) Effect of vertical fractures on reservoir behaviour – incompressible fluid case. Soc Pet Eng J 13:105–118

Kapitel 6
Fluidströmung zu einer gefracten horizontalen Bohrung

Die Produktivität von horizontalen Bohrungen kann häufig durch hydraulische Fracs erheblich gesteigert werden. Für die Entwicklung der Tight-Gas-Lagerstätten gehört diese Herangehensweise seit Jahren zum Stand der Technik. Obwohl die Strömung zu einer gefracten order auch mehrfach gefracten Horizontalbohrung ein sehr komplexes Problem ist, stehen doch einige noch übersichtliche analytische Beziehungen zur Verfügung, die nachfolgend dargestellt werden sollen.

6.1 Quasi-stationäre Fluidströmung zu einer gefracten horizontalen Bohrung

Es wird ein rechteckiges außen geschlossenes Drainagegebiet angenommen (Abb. 6.1) in dem sich eine einfach oder mehrfach gefracte horizontale Bohrung befindet. Für rechteckig geformte Fracs, die die gesamte Schichtmächtigkeit erschließen Guo und Evans (1993) für quasi-stationäre Strömungsverhältnisse folgende Lösung entwickelt:

$$p_{Df} = N \cdot \left[\frac{1}{3} ar\cosh \left(\frac{\cosh\left[\pi b/(2aN)\right]}{\sin(\pi L_f/2a)} \right) + \frac{kh}{2k_f w_f} \ln \left(\frac{4L_f h}{1{,}781 \cdot C_{Af} r_B^2} \right) \right] \tag{6.1}$$

Der dimensionslose Druck p_D hat hier die bekannte Definition und C_{Af} ist der Formfaktor für den Frac, der nach Lu und Tiab (2008) berechnet werden nach

$$C_A = \frac{16\pi^2 L_f / h \sin^2(\pi y_w / h)}{1{,}781 \exp\left(\frac{8\pi L_f}{h} \left(\frac{1}{6} - \frac{x_w}{2h} + \frac{x_w^2}{2h^2} \right) \right)}. \tag{6.2}$$

In Abb. 6.2 ist der Formfaktor in Abhängigkeit vom Längenverhältnis des Fracs für die Position der Bohrung $x_w = 0{,}5$, $y_w = 0{,}5$ gemeinsam mit den Ergebnissen anderer Autoren dargestellt.

H.-D. Voigt, *Lagerstättentechnik*,
DOI 10.1007/978-3-642-21013-6_6, © Springer-Verlag Berlin Heidelberg 2011

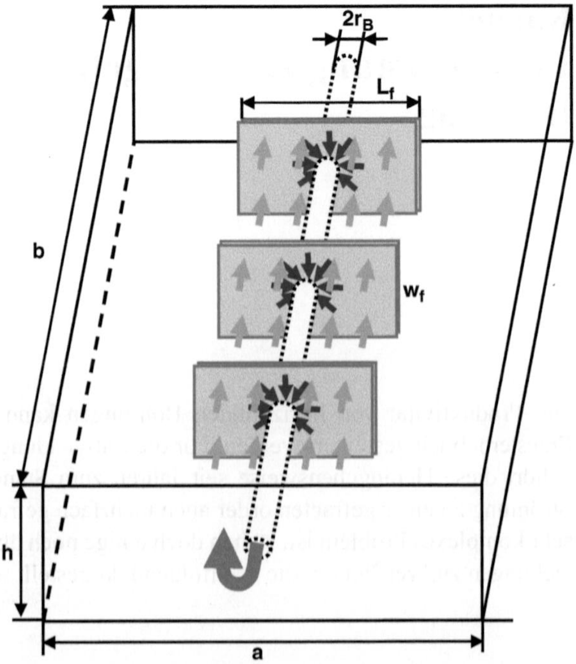

Fig. 6.1 Strömungsmodell einer gefracten horizontalen Bohrung in einem geschlossenen Drainagegebiet

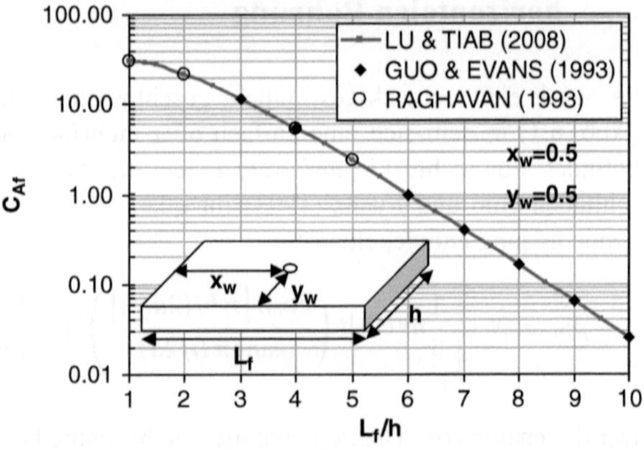

Fig. 6.2 Formfaktor für eine in der Mitte der Fläche ($x_w = 0{,}5$, $y_w = 0{,}5$) gelegene Bohrung

Benutzen wir den dimensionslosen Druck für eine vertikale Bohrung

$$p_D = \frac{1}{2} \ln \left(\frac{4ab}{1{,}781 \cdot C_A r_B^2} \right), \tag{6.3}$$

so kann das Produktivitätsverhältnis von einer horizontalen gefracten Bohrung zu einer vertikalen Bohrung PI_{hf}/PI_v berechnet werden.

In Fig. 6.3 ist dieses Verhältnis für die angegebenen Schicht- und Frac-Parameter in Abhängigkeit von der Länge des Drainagegebietes und der Frac-Anzahl angegeben.

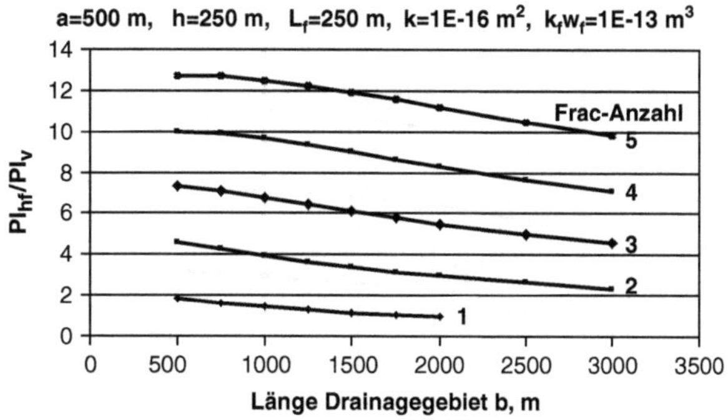

Fig. 6.3 Produktivitätsverhältnis in Abhängigkeit von der Länge des Drainagegebietes und der Frac-Anzahl

6.2 Instationäre Fluidströmung zu einer gefracten horizontalen Bohrung

Für horizontale gefracte Bohrungen entwickelten Larsen und Hegre (1994) halbanalytische Lösungen für rechteckige und kreisförmige Frac-Formen. Da für einen rechteckigen Frac die zweidimensionale Strömung im Frac nicht in einer bearbeitbaren Form zu entwickeln ist, wird hier ein Strömungsmodell mit kreisförmigen Frac, wie es in Abb. 6.4 dargestellt ist, genutzt. Das Drainagegebiet ist hier unendlich ausgedehnt.

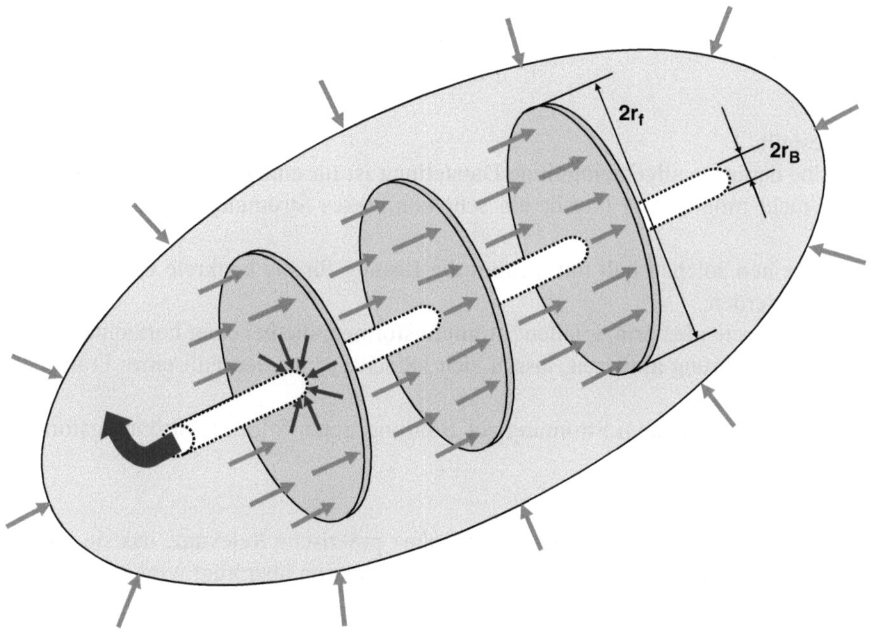

Fig. 6.4 Strömungsmodell einer gefracten horizontalen Bohrung in einem unendlichen Strömungsgebiet

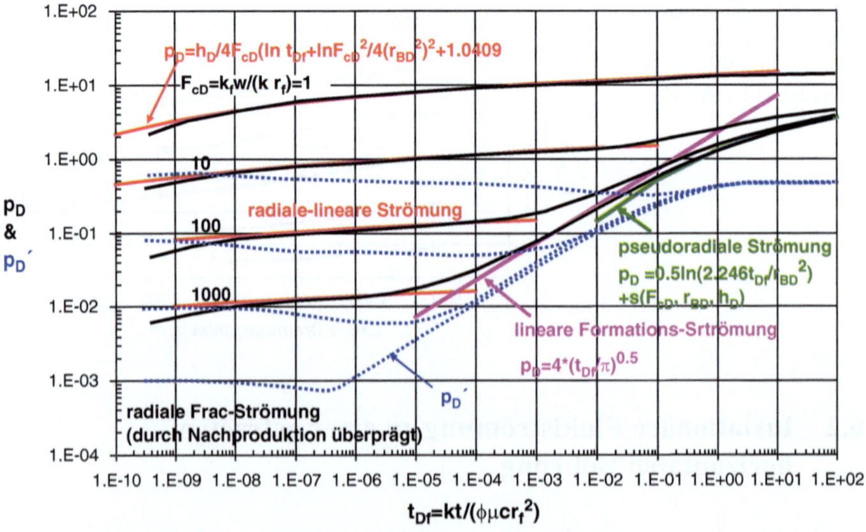

Fig. 6.5 Typkurven und Strömungsperioden einer horizontalen Bohrung in einem unendlich ausgedehnten Drainagegebiet mit einem transversalen radialen Frac

Die Lösung dieses Modells ist für den Fall eines Fracs in Abb. 6.5 in dimensionsloser Form angegeben. Weiterhin ist in Abb. 6.5 die logarithmische Ableitung der Lösung

$$\frac{d p_D}{d \ln t_D} = p'_D \tag{6.4}$$

dargestellt.

Eine derartige allgemeingültige Darstellung ist für eine mehrfach gefracte Bohrung nicht möglich, da hierfür ein sehr komplexes Strömungsproblem zugrunde liegt.

Für einen solchen Fall muss somit die Lösung für die konkrete Geometrie berechnet werden.

Die auftretenden prinzipiellen Strömungsformen, die bei einer horizontalen und gefracten Bohrung auftreten, lassen sich jedoch gut für den Fall eines Fracs darstellen.

Bei der instationären Strömung zur Bohrung treten folgende Strömungsformen nacheinander auf:

1. Radiale Strömung im Frac
   Diese frühzeitige Strömungsform ist ohne praktische Relevanz, das sie im Sekundenbereich auftritt und von der Nachproduktion überprägt wird.
2. Radiale – lineare Strömung

Die Strömungsform wird so bezeichnet, da das Fluid hierbei radial zur Bohrung und linear zum Frac strömt.

$$p_D = \frac{h_D}{4F_{cD}}\left(\ln t_{Df} + \ln\frac{F_{cD}^2}{4r_{BD}^4} + 1{,}0409\right) \tag{6.5}$$

$$\text{mit}\quad h_D = \frac{h}{r_f},\quad t_{Df} = \frac{kt}{\mu\phi c_t r_f^2},\quad F_{cD} = \frac{k_f w}{k r_f},\quad r_{BD} = \frac{r_B}{r_f}$$

Eine halblogarithmischen Darstellung der gemessenen Druckwerte in dieser Fließperiode $p_B = \mathrm{f}(t)$ ergibt eine Gerade mit der Steigung

$$m_{lr} = \frac{\ln 10 \cdot QB\mu}{8\pi \cdot k_f w_f} \tag{6.6}$$

Aus der Steigung kann die Frac-Leifähigkeit $k_f \cdot w_f$ berechnet werden.

3. Lineare Formationsströmung
   In dieser Strömungsperiode strömt das Fluid linear in der Schicht zum Frac. Für eine dimensionslose Frac-Leitfähigkeit $F_{cD} \geq 100$ ergibt sich für diese Strömungsperiode folgende Näherungslösung:

$$p_D = 4\sqrt{\frac{t_D}{\pi}}. \tag{6.7}$$

Eine Darstellung in der Form $p_B = \mathrm{f}(t^{0,5})$ ergibt eine Gerade mit der Steigung

$$m_l = \frac{2 \cdot QB}{\pi^{1,5} \cdot hr_f}\sqrt{\frac{\mu}{k\phi c_t}} \tag{6.8}$$

aus der der Radius des Fracs bestimmt werden kann.

4. Pseudo-elliptische/radiale Strömung
   Diese Fließperiode wird durch eine elliptische und dann radiale Strömungsform in Bohrungsferne mit einem durch den Frac bestimmten Skinfaktor charakterisiert. Diese Strömungsform ist analog der Strömung um eine normale Bohrung (Linienquellen-Lösung).

$$p_D = \frac{1}{2}\ln\frac{2{,}246 \cdot t_D}{r_{BD}^2} + s(F_{cD}, r_{BD}, h_D) \tag{6.9}$$

Die logarithmische Ableitung der Lösung ist für diese Phase

$$p_D' = \frac{dp_D}{d\ln t_D} = \frac{1}{2}. \tag{6.10}$$

Diese letzte Phase tritt nach langen Messzeiten um so früher auf desto größer die Frac-Leitfähigkeit ist (s. Abb. 6.5). Die klassische halblogarithmische Darstellung ergibt die Steigung

$$m_{pr} = \frac{\ln 10 \cdot QB\mu}{4\pi \cdot kh}. \tag{6.11}$$

Aus der Steigung kann die Permeabilität der Schicht berechnet werden. Weiterhin kann der Skinfaktor bzw. der effektive Bohrungsradius berechnet werden.

Literatur

Guo G, Evans RD (1993) Inflow performance of a horizontal well intersecting natural fractures. SPE Paper 25501, presented at the Production Operations Symposium, Oklahoma City, Mar. 1993

Larsen L, Hegre TM (1994) Pressure transient analysis of multifractured horizontal wells. Paper SPE 28389, presented at the Annual Technical Conference and Exhibition, New Orleans, LA, Sept. 1994

Lu J, Tiab D (2008) Productivity equations for an off-center partially penetraing vertical well in an anisotropic reservoir. J Pet Sci Eng 60:18–30

Kapitel 7
Gestängetest (Drill Stem Test – DST)

Ein Gestängetest wird normalerweise zur Untersuchung eines unbekannten Formationsintervalls in der unverrohrten Bohrung eingesetzt. Er kann aber auch zur Bestimmung der Produktivität eines perforierten Bereichs oder zur Untersuchung technischer Undichtheiten genutzt werden. Hierzu wird gewöhnlich eine Doppelpackerinstallation direkt am Bohrstrang in die Bohrung eingebaut und der interessierende Teufenbereich durch diese Packer so abgesperrt, dass Formationsfluid in die Bohrung strömen kann.

Mit einem Gestängetest lassen sich folgen Informationen gewinnen:

- eine Probe des zuströmenden Fluids,
- der statische Druck der Schicht,
- die Schichttemperatur,
- Bohrlochsohlenfließdruck in Verbindung mit der Förderrate und damit der Produktivitätsindex sowie
- die Permeabilität und der Skinfaktor der Schicht.

Ein Druck-Zeit-Diagramm eines typischen Gestängetest ist in Abb. 7.1 dargestellt.

Das Diagramm von Abb. 7.1 zeigt folgenden Ablauf:

A–B Druckabfall infolge des Öffnen des Testventils
B–C Zufluss des Fluids und Druck- bzw. Spiegelanstieg im Gestänge
D–E Förderperiode
E–F Endschließdruckperiode

Dieser Ablauf kann natürlich beliebig verändert werden. Häufig geschieht das in der Form, dass eine Förderung mit mehreren unterschiedlichen Raten erfolgt. Es ist jedoch dabei zu berücksichtigen, dass die Testdauer aus sicherheitstechnischen Gründen gegrenzt ist.

7.1 Interpretationsverfahren

Für die Interpretation von Druckdaten von einem Gestängetest sind teilweise besondere Verfahren anzuwenden, die bisher nicht dargestellt wurden. Besonders erfordert dies der Druckverlauf von B nach C.

H.-D. Voigt, *Lagerstättentechnik*,
DOI 10.1007/978-3-642-21013-6_7,

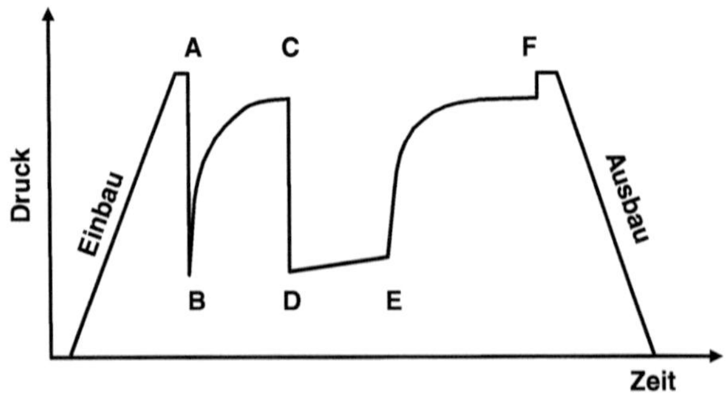

Abb. 7.1 Schematisches Druck-Zeit-Diagramm eines typischen Gestängetests

Beim Öffnen des Testventils im Packerbereich herrscht dort ein Druck vor, der durch die Luftsäule und einer eventuellen Flüssigkeitssäle im Bohrstrang bestimmt ist. Fließt nun nach dem Öffnen Medium zu, so erhöht sich der Bohrlochsohlendruck mit laufendem Zufluss. In dem Maße wie sich der Druck in der Bohrung erhöht, verringert sich der Zufluss und wird Null, wenn der statische Lagerstättendruck erreicht ist.

Gleichartiges Verhalten liegt auch beim einem Slug- oder Bailtest vor, wie er bei der Grundwassererkundung genutzt wird.

Für die mathematische Lösung dieses Problems gilt die Differentialgleichung Gl. (1.17). Es müssen jedoch zur Berücksichtigung des oben beschriebenen Zuflussverhaltens Verhaltens die Anfangs- und Bohrungsbedingungen gegenüber denen von Gl. (1.19) und (1.20) durch folgende Bedingungen ersetzt werden:

Anfangsbedingungen (AB) im Reservoir und in der Bohrung:

$$\begin{aligned} p &= p_i \quad \text{für} \quad t = 0, \quad r > r_B \\ p &= p_B \quad \text{für} \quad t = 0, \quad r = r_B. \end{aligned} \tag{7.1}$$

Randbedingung (RB) an der Bohrung:

$$r\frac{\partial p}{\partial r} = -\frac{C\mu}{2\pi kh} \cdot dp/dt \quad \text{bei} \quad r = r_B, \quad t > 0. \tag{7.2}$$

Für die Lösung dieses Problems geben Ramey et al. (1975) Typkurven an, die für die Interpretation solcher Messkurven genutzt werden können. Hierzu ist anzumerken, dass die halblogarithmische Darstellung (Abb. 7.2a) für die Interpretation von Messkurven mit deutlicher Druckveränderung geeignet ist, während die doppellogarithmische Darstellung (Abb. 7.2b) für Messungen mit geringer Druckreaktionen besser geeignet ist.

Die Darstellung der Typkurven in Abb. 7.2 erfolgte mit den dimensionslosen Größen

$$p_D = \frac{p_i - p_B(t)}{p_i - p_{B0}}, \quad C_D = \frac{C}{2\pi\phi h c_t r_B^2}, \quad t_D = \frac{kt}{\mu\phi c_t r_B^2}, \quad S = \text{Skineffekt}. \tag{7.3}$$

Die Nachproduktionsgröße C ist in Kap. 1 Gl. (1.27) und (1.28) definiert.

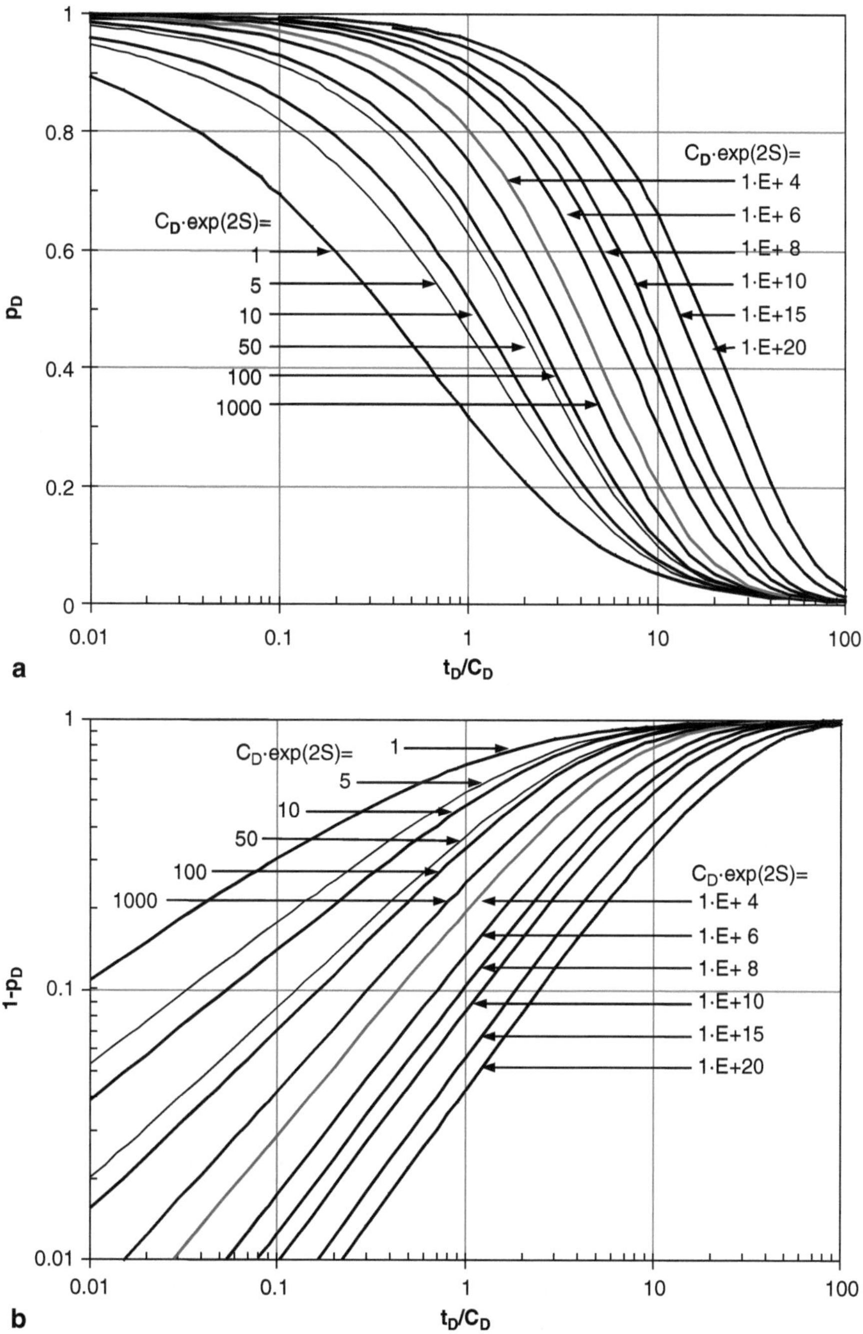

Abb. 7.2 Typkurven zur Interpretation von Fließdruckkurven aus Gestängetesten. (**a**) $p_D = \log(t_D/C_D)$ (**b**) $\log(1-p_D) = \log(t_D/C_D)$ (Darstellung nach Ramey et al. 1975)

Wurden beim Test Bohrlochsohlenfließdrücke für unterschiedliche Förderraten gemessen, so können diese zur Bestimmung der Produktivität der Schicht in der bekannten Weise genutzt werden. Gleichfalls können die Druckaufbaukurven mit dem Theis–Horner – Verfahren analysiert werden.

7.2 Testbeispiel

Bei einem Gestängetest wurde ein erzielt und dabei der Druckverlauf beim Spiegelanstieg im Gestänge gemessen. Die Messkurve entspricht der Phase B–C von Abb. 7.1. Die Bohrungs-, Reservoir- und Fluiddaten sowie die dimensionslosen Druckwerte sind in Tab. 7.1 angegeben.

Für die Interpretation der Zuflussmessung wurde die Typkurve in doppellogarithmischer Darstellung (Abb. 7.2b) gewählt. Den Match der Messwerte aus Tab. 7.2 zeigt Abb. 7.3.

Die beste Übereinstimmung von Messwerten und Typkurve zeigte sich für die Werte (Match-Punkt*)

$t^* = 2100$ s,
$t_D/C_D{}^* = 1$,
$C_D \cdot \exp(2\,S)^* = 1000$.

Für die Berechnung der Permeabilität können die dimensionslosen Parameter von Gl. (7.3) umgestellt werden und es ergibt sich

$$k = \left(\frac{t_D}{C_D}\right)^* \cdot C_D \exp(2S)^* \frac{\mu \phi c_t r_B^2}{t^*}. \tag{7.4}$$

Mit den Daten aus Tab. 7.2 erhalten wird damit die Permeabilität

$$k = 1^* \cdot 1000^* \frac{0,0027 \cdot 0,148 \cdot 4,6 \cdot 10^{-8} \cdot 0,101^2}{2100^*} = 8,9 \cdot 10^{-14} m^2 \approx 89\ mD.$$

Tab. 7.1 Testbeispiel – Bohrungs-, Reservoir- und Fluiddaten

Parameter	Symbol	Größe	Dimension
Gestängeradius	r_G	0,0572	m
Bohrungsradius	r_B	0,101	m
Schichtmächtigkeit	h	8,7	m
Porosität	ϕ	0,148	–
Schichtkompressibilität	c_t	4,6 E-8	1/Pa
Ölviskosität	μ	0,0027	Pa s
Öldicht	ρ	870	kg/m³

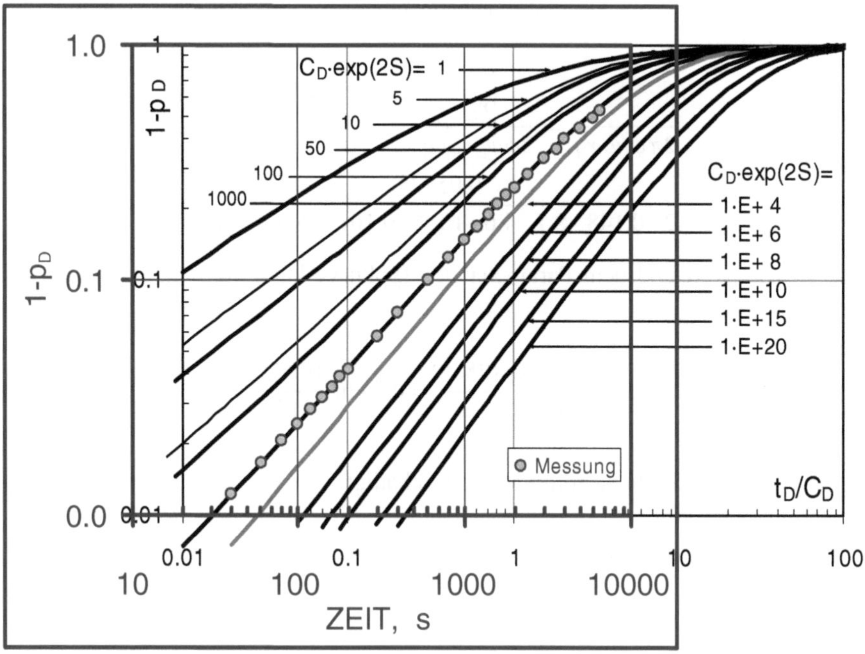

Abb. 7.3 Typkurven-Match des Testbeispiels

Tab. 7.2 Testbeispiel – Gemessene Druckwerte

t in s	$p_D = \frac{p_i - p_B(t)}{p_i - p_{B0}}$	$1 - p_D$	t in s	$p_D = \frac{p_i - p_B(t)}{p_i - p_{B0}}$	$1 - p_D$
10	0,995	0,005	600	0,901	0,099
16	0,994	0,006	800	0,876	0,124
20	0,993	0,0070	1000	0,852	0,148
30	0,990	0,010	1200	0,830	0,170
40	0,988	0,012	1400	0,809	0,191
60	0,983	0,017	1600	0,789	0,211
80	0,979	0,021	1801	0,770	0,230
100	0,976	0,025	2000	0,752	0,248
120	0,972	0,028	2400	0,720	0,280
140	0,968	0,032	3000	0,669	0,331
160	0,965	0,035	3600	0,640	0,360
180	0,961	0,039	4000	0,601	0,399
200	0,958	0,042	5000	0,560	0,440
300	0,942	0,058	6000	0,510	0,490
400	0,928	0,072	6590	0,475	0,525

Die dimensionslose Nachproduktionskonstante ergibt mit den Daten von Tab. 7.2 folgenden Wert

$$\begin{aligned} C_D &= \frac{C}{2\pi\phi h c_t r_B^2} = \frac{r_G^2}{2\phi h c_t r_B^2 \rho g} \\ &= \frac{0{,}0572^2}{2 \cdot 0{,}148 \cdot 8{,}7 \cdot 4{,}6 \cdot 10^{-8} \cdot 0{,}101^2 \cdot 870 \cdot 9{,}81} = 317. \end{aligned} \tag{7.5}$$

Mit diesem Wert und dem Parameter der Typkurve kann nun der Skinfaktor berechnet werden

$$S = 0{,}5 \cdot \ln \frac{C_D \exp(2S)^*}{C_{D,\text{berechnet}}} = 0{,}5 \cdot \ln \frac{1000^*}{317} = +\,0.6. \tag{7.6}$$

Die produktive Schicht ist somit leicht geschädigt.

Literatur

Ramey HJ Jr, Agarwal RG, Martin L (1975) Analysis of slug test or DST flow period data. J Cdn Pet Technol 14:37–47

Kapitel 8
Reservenbewertung

Reserven an Erdöl, Erdgas und Kondensat sind die Wirtschaftsgrundlage eines jeden Explorations- und Produktionsunternehmens. Somit ist die Reservenberechnung und Klassifizierung ein wichtiger Arbeitsschwerpunkt auf dem Gebiet der Lagerstättentechnik.

Ein Konsortium von professionellen wissenschaftlichen Gesellschaften wie Society of Petroleum Engineers (SPE), World Petroleum Council (WPC) und American Association of Petroleum Geologists (AAPG) haben eine Rahmenrichtlinie zur Berechnung und Bewertung von Reserven erarbeitet, die in den folgenden drei Publikationen durch die SPE veröffentlicht wurden:

"SPE/WPC Reserves definitions resources", approved by the SPE, and WPC (1997).
"Petroleum resources classification and definitions", approved by SPE, WPC, and AAPG (2000).
"Guidelines for the evaluation of petroleum reserves and resources", approved by the SPE, WPC, and AAPG (2001).

Darüber hinaus existieren noch weitere internationale Klassifikationssysteme, von denen eine Auswahl in der Studie "Comparison of selected reserves and resource classification and associated definitions" (2005) verglichen wurde. In dieser vergleichenden Studie ist neben sieben Klassifikationen auch die von Russland betrachtet worden.

Eine umfangreiche Darstellung der Klassifikationen und Bewertungsverfahren ist in dem Buch von Cronquist (2001) zu finden.

Nachfolgend sollen einige Berechnungsverfahren erläutert werden.

8.1 Materialbilanz von Gaslagerstätten – Druckabfallmethode

Die Materialbilanz- oder Druckabfallmethode geht unter idealen Bedingungen davon aus, dass ein abgeschlossenes Gasvolumen vorliegt, d. h. dass bei der Förderung das Gas in der Lagerstätte expandiert. Unter diesen Bedingungen ergibt sich aus dem Gesetz für reale Gase bei der Förderung die Beziehung

DOI 10.1007/978-3-642-21013-6_8,

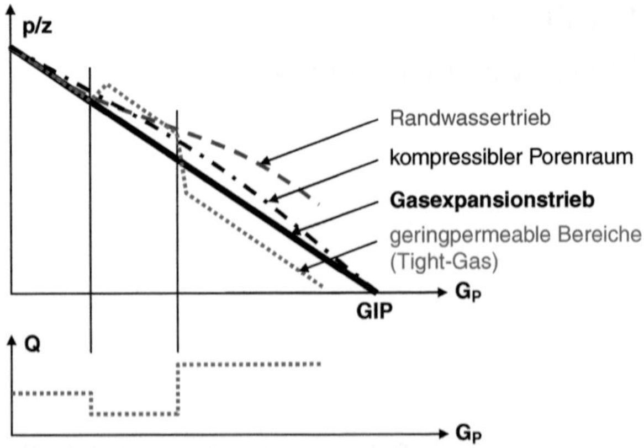

Abb. 8.1 Schematische Darstellung des Materialbilanzverhaltens von Erdgaslagerstätten mit unterschiedlichen Triebmechanismen

$$GIP = \frac{G_P}{(p/z)_i - p/z}(p/z)_i. \tag{8.1}$$

Hierin bedeuten:

GIP – initiales Gasvolumen unter Norm- oder Standardbedingungen (Gas In Place), m^3

G_P – kumulativ produziertes Gasvolumen unter Norm- oder Standardbedingungen, m^3

$p_i \cdot p$ – mittlerer Lagerstättendruck vor und nach der Förderperiode, bar

z_i, z – Realgasfaktor bei Lagerstättentemperatur bezüglich der Drücke p_i, p.

Gleichung (8.1) zeigt, dass die mittlere Druckentwicklung (p/z) im Reservoir proportional zur Produktion G_P verläuft. Eine graphische Darstellung von Gl. (8.1) in der Form $p/z = f(G_P)$ ergibt damit eine Gerade, deren Extrapolation bis $(p/z) = 0$ das initiale Gasvolumen liefert (s. Abb. 8.1).

Gleichung (8.1) gilt nur unter den Bedingungen, dass das Reservoirvolumen abgeschlossen ist und sich während der gesamten Produktionsphase nicht verändert, d. h. keine Energie zu- oder abgeführt wird. Man bezeichnet dieses Verhalten als reinen Gasexpansionstrieb. Unter realen Verhältnissen ist dies jedoch selten der Fall. Je nach Lagerstättentyp kann dem System Energie zugeführt werden durch

- Randwassertrieb,
- kompressiblen Porenraum oder
- verzögertem Gaszustrom aus Tight-Gas-Bereichen.

Für die genannten Fälle ist die Entwicklung $p/z = f(G_P)$ prinzipiell in Abb. 8.1 dargestellt. Energieverluste können in der Regel nur über Undichtheiten auftreten, die beim Feldesaufschluss unsachgemäß erzeugt wurden.

Treten in der Produktionsphase Anzeichen der genannten Einflüsse auf, so werden derzeitig meist Simulationsrechnungen an dem entsprechenden Lagerstättenmodell durchgeführt. Es können aber auch relativ einfache ingenieurmäßige Verfahren zur Berücksichtigung der Einflüsse genutzt werden, die nicht selten zu einem besseren Verständnis des prinzipiellen Lagerstättenverhaltens dienen. Diese verfahren sollen nachfolgend kurz erläutert werden.

8.1.1 Randwassertrieb

Bei einer Gaslagerstätte mit Randwassertrieb führt die Gasproduktion zur Absenkung des Lagestättendruckes und damit auch zur Entspannung des angrenzenden Aquifers. Die Folge ist ein Zufluss von Wasser in das Gasreservoir. Dieser Wasserzufluss muss in der Materialbilanzgleichung berücksichtigt werden.

Für ein Reservoir mit Gasexpansionstrieb kann Gl. (8.1) umgeschrieben werden zu

$$\frac{p}{z} = \left(\frac{p}{z}\right)_i \left(1 - \frac{G_P}{GIP}\right). \tag{8.2}$$

Unter Berücksichtigung des Wasserzustroms nimmt die Materialbilanzgleichung folgende Form an

$$\frac{p}{z} = \left(\frac{p}{z}\right)_i \frac{1 - \dfrac{G_P}{GIP}}{1 - \dfrac{W}{GIP}\left(\dfrac{pT_N}{zT \cdot p_N}\right)}. \tag{8.3}$$

Hierin bedeuten:

W – in das Reservoir geströmte Wasservolumen in m^3
T, T_N – Reservoir- und Norm- oder Standardtemperatur in K
p_N – Norm- oder Standarddruck in bar

In Gl. (8.3) stellt der Ausdruck

$$\frac{W}{GIP}\left(\frac{pT_N}{zTp_N}\right)$$

den Anteil des initial gasgefüllten Porenvolumens dar, der vom Wasser überflutet wurde.

Dieser Anteil ist immer < 1. Gleichung (8.3) ist im Vergleich zu Gl. (8.2) nichtlinear und zeigt, dass der Wasserzustrom den mittleren Druck (p/z) bei der Gasförderung erhöht. Andererseits überflutet das Wasser das gasgefüllte Porenvolumen und schließt dabei Gas bei dem entsprechenden Druck ein. Dieses überflutete Gas, bei einer für das betreffende poröse Reservoirgestein charakteristischen Restgassättigung, ist unter normalen Förderbedingungen nicht gewinnbar und somit für die Nutzung verloren. Dabei wird bei hoher Produktionsgeschwindigkeit weniger Gas als bei geringer Fördergeschwindigkeit eingeschlossen. Randwasserzufluss bedingt damit den Vorteil der Druckerhöhung aber auch den Nachteil des Gasverlustes. Während bei Gasexpansionstrieb ein Recovery-Faktor von 80 % bis 85 % erreicht werden kann, ist bei starkem Randwassertrieb ein Recovery-Faktor von etwa nur 50 % möglich. Die Wirkung der verschiedenen Einflussgrößen auf den Recovery-Faktor zeigen Agarwal et al. (1965) an hypothetischen Beispielen.

Für die Berechnung der Materialbilanz mit Wasserzustrom stehen einige analytische Verfahren zur Verfügung, die jedoch homogene Aquifer-Eigenschaften voraussetzen. Da dies in der Praxis nicht der Fall ist, werden heutzutage in der Regel numerische Simulationsmodelle dafür genutzt.

8.1.2 Deformierbarer Porenraum

Wird ein druckabhängiger Porenraum berücksichtigt, so erhält Gl. (8.1) folgende Form

$$GIP = \frac{G_P}{\left(\frac{p}{z}\right)_i - \frac{V_{g,p}}{V_{g,p,i}} \cdot \frac{p}{z}} (p/z)_i. \tag{8.4}$$

Bei abfallendem Lagerstättendruck wird der gasgesättigte Porenraum $V_{g,p}$ durch zwei Effekte reduziert. Einerseits verringert sich der Porenraum des porösen Gesteins und andererseits dehnt sich das im Porenraum befindliche Haftwasser aus. Die in Gl. (8.4) benötigte relative Änderung des Porenvolumens kann mit guter Näherung mit der Beziehung

$$\frac{V_{g,p}}{V_{g,p,i}} \approx \frac{1}{1 - S_{w.i}} \cdot \left[\frac{\phi_p}{\phi_i} \frac{1 - \phi_i}{1 - \phi_p} - S_{w.i} \frac{V_{w,p}}{V_{w,i}} \right] \tag{8.5}$$

berechnet werden (s. Voigt 1979). Die Veränderung der Porosität ϕ_p in Abhängigkeit vom Lagerstättendruck sollte an Kernproben gemessen werden und die relative Veränderung des Haftwasservolumens kann aus der Kompressibilität (s. Kap. 15.3.4) berechnet werden.

8.1.3 Gaszustrom aus geringpermeablen Bereichen

Die gasführenden Bereiche von Erdgasfeldern sind oft in der Weise inhomogen, dass Wechsellagerungen von produktiven und mehr oder weniger dichten Schichten (z. B. Tight-Gas-Bereiche) vorliegen. Aus den produktiven, perforierten Bereichen wird gefördert, während die geringpermeablen Schichten das Gas indirekt über die Schichtflächen an die höherpermeablen Bereichen abgeben. Ein Schema einer solchen Lagerstätte ist in Abb. 8.2 dargestellt.

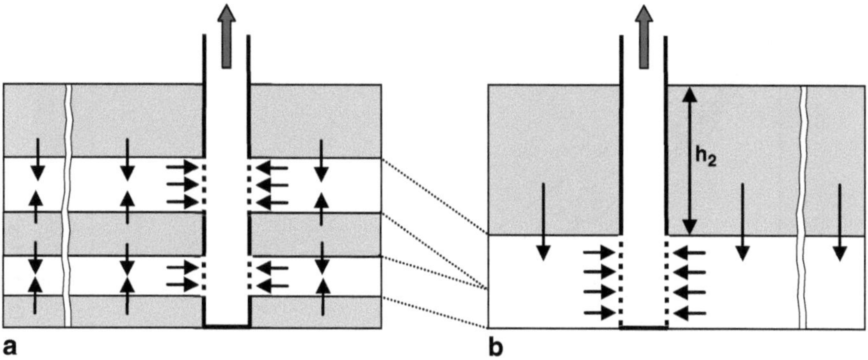

Abb. 8.2 Schematisiertes Modell einer Mehrschichtlagerstätte. **a** reales Modell, **b** idealisiertes Modell

Das überströmende Gasvolumen $G_{Ü}$ erniedrigt den Druck in den geringpermeablen Schichten. Aus den produktiven Schichten wird das Gasvolumen G_P produziert, gleichzeitig strömt $G_{Ü}$ in diese Schichten, so dass Gl. (8.1) die Form erhält

$$GIP_1 = \frac{G_P - G_{Ü}}{(p/z)_i - (p/z)_1}(p/z)_i \tag{8.6}$$

Für quasi-stationäre Strömungsverhältnisse und einem idealisierten Modell (Abb. 8.2) kann das übergeströmte Gasvolumen berechnet werden (Voigt 1990) mit

$$G_{Ü} = \frac{G_P}{(GIP_1/GIP_2 + 1)} - \frac{Q \cdot G_1}{(GIP_1/GIP_2 + 1)^2 C} \left[1 - \exp(-(GIP_1/GIP_2 + 1)\, C \cdot t/G_1\right], \tag{8.7}$$

wobei der Überströmkoeffizient C definiert ist durch

$$C = \frac{3k_v A T_N p_m}{h_2 \mu T_i p_N}(p/z)_i. \tag{8.8}$$

Für veränderliche Förderraten kann Gl. (8.7) superponiert werden.

Hierin bedeuten:

A – Lagerstättenfläche, m^2
h_2 – Mächtigkeit der geringpermeablen Schicht, m
k_v – vertikale Permeabilität der geringpermeablen Schicht, m^2
GIP_1 – Gasvolumen der produktiven Schicht, m^3
GIP_2 – Gasvolumen der geringpermeablen Schicht, m^3
p_m – mittlerer Druck der geringpermeablen Schicht, Pa
Q – Förderrate der Lagerstätte, m^3/s
T – Temperatur unter initialen oder Standard-Bedingungen, K

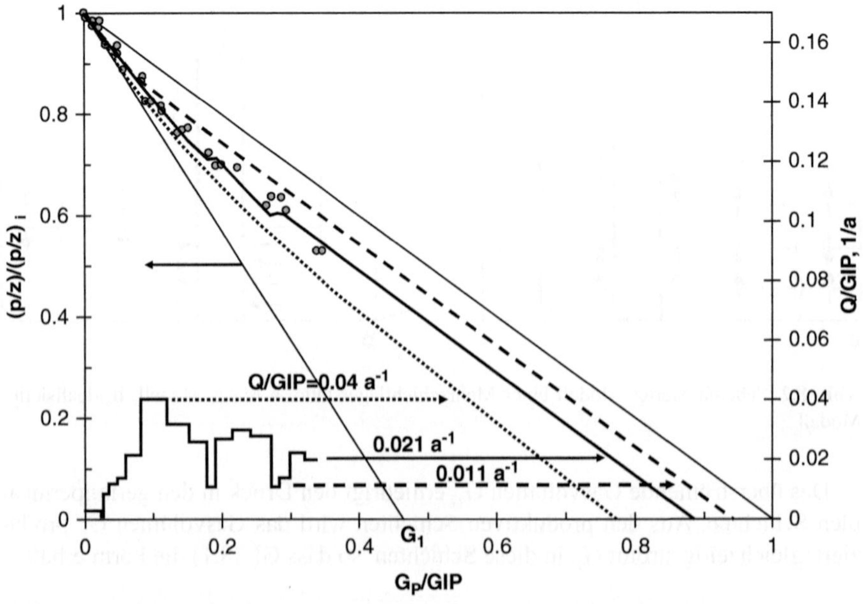

Abb. 8.3 (p/z)- und Förderratenentwicklung einer Mehrschichtlagerstätte

t – Förderzeit, s
μ – Gasviskosität, Pa s

Wird nun der Fall mit einem vollständig abgesenkten Druck in der produktiven Schicht betrachtet, d. h. $(p/z)_1 = 0$ für $t \to \infty$, so ergibt sich das maximal produzierbare Gasvolumen

$$G_{P,\max} = (GIP_1 + GIP_2)\left[1 - \frac{Q}{(GIP_1/GIP_2 + 1)\,C}\right]. \tag{8.9}$$

Dieses maximal produzierbare Erdgasvolumen hängt unter diesen Verhältnissen von der Abbaugeschwindigkeit bzw. Förderrate der Lagerstätte ab und ist stets kleiner als der gesamte Gasvorrat.

Beispiel Aus einer mehrschichtigen Gaslagerstätte wurde mehr als 20 Jahre gefördert. Die Produktion betrug 0,1 % bis 4 % des volumetrisch ermittelten *GIP*, wie Abb. 8.3 zeigt. Die in dieser Zeit gemessenen und gemittelten Druckwerte (*p/z*) zeigen in der normierten Darstellung keine geradlinige Form, wie es bei relativ homogenen Reservoiren bei Gasexpansionstrieb der Fall ist. Da Wassertrieb auszuschließen war, wurde als Ursache für die dargestellte *p/z*-Entwicklung die inhomogene Wechsellagerung des gasführenden Speichers angenommen. Aus Abb. 8.3 zeigt sich eine Korrelation zwischen Produktionstempo und den gemessenen *p/z*-Werten. Auf der Basis des ermittelten relativen Gas-In-Place der hochpermeablen Schicht von

$$GIP_1/GIP = 0{,}465$$

und der geringpermeablen Schichten von

$$GIP_2/GIP = 0{,}535$$

wurde durch History-Match-Rechnungen mit dem vorgestellten Verfahren ein Überströmkoeffizient von

$$C/GIP = 1{,}658\ 1/\mathrm{s} = 0{,}0523\ 1/\mathrm{a}$$

ermittelt.

Das Ergebnis des History-Matchs zeigt Abb. 8.3. Eine folgende Produktion von 2,1 % des gesamten GIP pro Jahr würde bei $p/z = 0$ auf einen theoretischen Recovery Faktor von

$$G_p/GIP = 0{,}884$$

führen.

Eine geringere Produktion von 1,1 % würde einen höheren möglichen Recovery-Faktor von 0,940 und eine höhere jährliche Produktion von 4 % einen geringeren Recovery-Faktor von 0,773 ergeben (s. Abb. 8.3).

8.2 Reservoir-Limit-Test (RLT)

Das Konzept des Reservoir-Limit-Tests wurde zuerst von Jones (1957, 1962) zur Bestimmung des Lagerstättenvolumens eingeführt. Die ursprüngliche Form dieses Tests geht davon aus, dass eine Bohrung mit konstanter Rate so lange fördert bis die quasi-stationäre Strömungsperiode erreicht ist.

Fördert eine Bohrung mit konstanter Rate aus einer homogenen, isotropen und unendlich ausgedehnten Schicht, so ergibt sich für unter instationären Bedingungen folgende Druckentwicklung in dimensionsloser Form

$$p_D = -0.5 \cdot \ln(2{,}246 \cdot t_D) \tag{8.10}$$

Ist die Lagerstätte jedoch am äußeren Rand bei r_E geschlossen, d. h.

$$\frac{\partial p_D}{\partial r_D} = 0 \quad bei \quad r_D = r_D, \tag{8.11}$$

so ergibt sich unter quasi-stationären Bedingungen die dimensionslose Lösung

$$p_D = -0{,}5\left[\ln\left(r_{ED}^2\right) - \frac{6}{4} + \frac{4t_D}{r_{ED}^2}\right] = -0{,}5\left[\ln\left(\frac{2{,}246 \cdot A}{C_A \cdot r_B^2}\right) + 4\pi\frac{t_D \cdot r_B^2}{A}\right] \tag{8.12}$$

mit den Größen

dimensionsloser Druck $\quad p_D = \dfrac{(p_i - p_{Bf})2\pi kh}{\mu QB},$

dimensionslose Zeit $t_D = \dfrac{kt}{\mu\phi c_t r_B^2} = \dfrac{at}{r_B^2}$,

dimensionsloser äußerer Radius $r_{ED} = \dfrac{r_E}{r_B}$,

Formfaktor des Drainagegebietes C_A

nach Dietz (1965). Für ein kreisförmiges geschlossenes Drainagegebiet ist C_A=31,62. Für quadratische und rechteckige Gebiete mit dezentraler Bohrungsposition kann C_A mit der in Abschn. 6.1 angegebenen Beziehung berechnet werden.

Werden von den Gl. (8.10) und (8.12) die dimensionslosen Druckabfallgeschwindigkeiten abgeleitet, so ergibt sich für die frühe instationäre Phase

$$Y_D = \frac{dp_D}{dt_D} = \frac{0.5}{t_D} \tag{8.13}$$

und für die quasi-stationäre Phase

$$Y_{D,quasi} = \frac{dp_D}{dt_D} = \frac{2}{r_{ED}^2} = 2\left[\frac{r_B}{r_E}\right]^2 = \frac{2\pi r_B^2}{A}. \tag{8.14}$$

Die Gl. (8.10) und (8.12) sowie die Gl. (8.13) und (8.14) sind in halblogarithmischer bzw. doppellogarithmischer Form in Abb. 8.4 dargestellt. Darin zeigt sich, dass nach der dimensionslosen Zeit

$$t_{D,Ra} \approx 0.25\left[\frac{r_E}{r_B}\right]^2, \tag{8.15}$$

die Druckentwicklung von der halb- und auch doppellogarithmischen Geraden abweicht und sich der Einfluss des geschossenen Randes der Schicht bemerkbar macht.

Ist die produktive Schicht jedoch nicht kreisförmig geschlossen, sondern durch Störungen und oder Gas-Wasser-Kontakte begrenzt, so tritt die Abweichung von der halblogarithmischen Geraden später auf. Im Fall einer linearen Störung ist

$$t_{D,St} \approx 1 \cdot \left[\frac{l}{r_B}\right]^2. \tag{8.16}$$

wobei l der Abstand von der Barriere ist.

Diese dimensionslose Zeit ist somit etwa 4-fach größer als bei einer geschlossenen kreisförmigen Kontur. Aus diesen Ergebnissen folgt, dass eine Abweichung von der instationären Druckentwicklung zu einem Vorrat führt, der bei gleicher Förderzeit für eine linearen Störung viermal größer ist als im Falle eines kreisförmig geschlossenen Randes.

Darüber hinaus beeinflussen weitere Diskontinuitäten der Schicht wie z. B. zusätzliche Störungen oder Klüftigkeit aber auch besondere Aufschlusstechniken durch horizontale und gefracte Bohrungen die Druckentwicklung. Als Beispiel ist

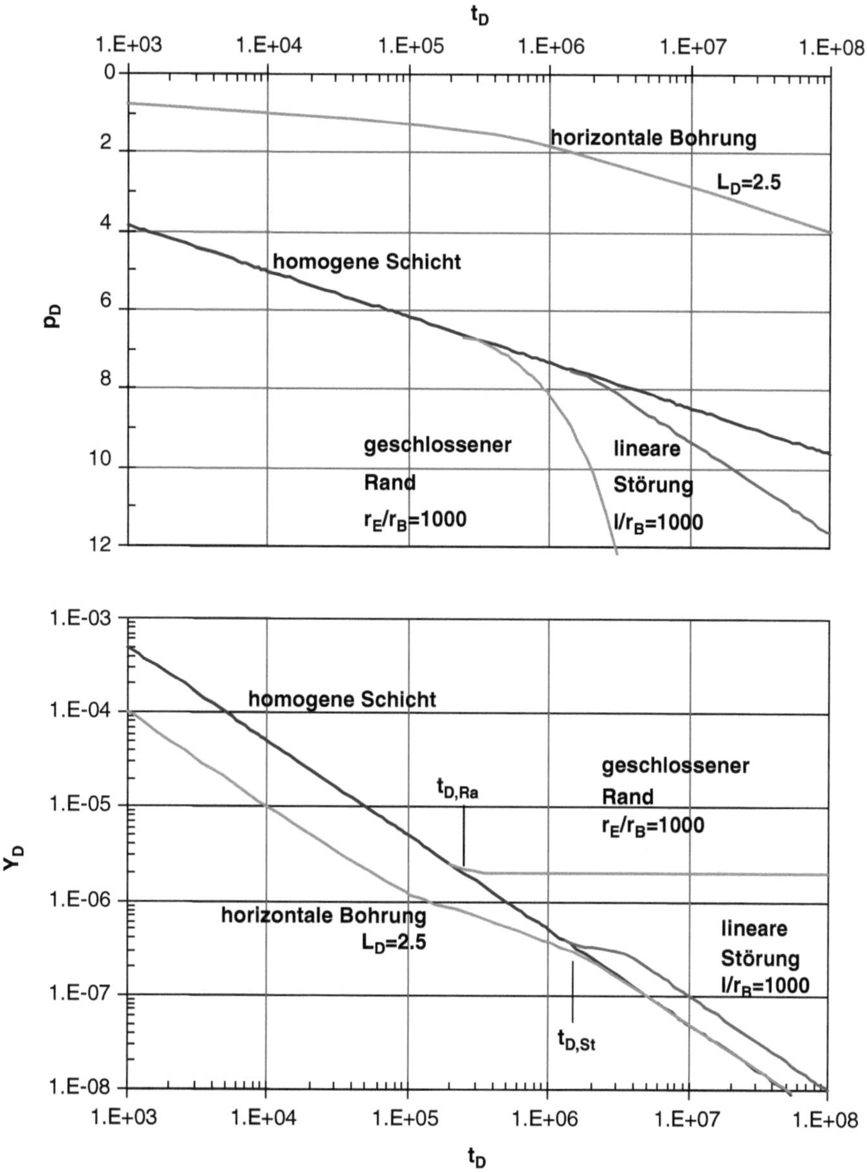

Abb. 8.4 Reservoir-Limit-Test

in Abb. 8.4 eine horizontale Bohrung mit der Länge von 5-facher Schichtmächtigkeit ($L_D = L/2h = 2{,}5$) dargestellt.

Zur Berechnung Speichervolumens V bzw. der Vorratsgröße unter Standardbedingungen G (OIP oder GIP) wird nun aus Gl. (8.12) die Druckabfallgeschwindigkeit dp/dt abgeleitet und ergibt

$$\frac{dp_D}{dt} = -\frac{dp_{Bf}}{dt}\frac{2\pi kh}{QB\mu} = \frac{2k}{\mu\phi c_t r_E^2} = \frac{2\pi k}{\mu\phi c_t A}. \tag{8.17}$$

Durch Umformung ergibt sich

$$Y = -\frac{dp_{Bf}}{dt} = \frac{QB}{\phi c_t h\pi r_E^2} = \frac{QB}{\phi c_t hA} \tag{8.18}$$

und weiter

$$G = \frac{V}{B} = \frac{Q}{c_t Y}. \tag{8.19}$$

Bei der Gasströmung wird häufig die p^2-Linearisierung genutzt, so dass Gl. (8.19) die folgende Form erhält.

$$G = \frac{2 \cdot Qp_i}{c_t Y*}. \tag{8.20}$$

Die Druckabfallgeschwindigkeit wird aus der doppellogarithmischen Darstellung analog Abb. 8.4 am Ende der Förderzeit bestimmt. In der instationären Phase kann diese jedoch auch aus der halblogarithmischen Steigung bestimmt werden durch (s. Abschn. 1.6)

$$Y = -\frac{dp_{Bf}}{dt} = \frac{\alpha}{2{,}303 \cdot t_f} \tag{8.21}$$

oder für die p^2-Linearisierung durch

$$Y* = -\frac{d(p_{Bf}^2)}{dt} = \frac{\alpha^*}{2{,}303 \cdot t_f}. \tag{8.22}$$

Bei einem RLT sollte die Bohrung nach Möglichkeit mit konstanter Rate fördern. Für variable Produktionsraten der Bohrung erweiterte Earlougher (1972) die Anwendung des RLT.

Wird nun bei der Ausführung eines RLT die geschlossene Kontur eindeutig identifiziert, so kann der Vorrat als Reservengröße mit Gl. (8.19) bzw. Gl. (8.20) ermittelt werden. In vielen praktischen Fällen ist jedoch eine derartige Eindeutigkeit nicht gegeben. Entweder gibt es keine Anzeichen einer Abweichung von der instationäre Phase oder die eingetretene Abweichung von dieser Phase ist nicht eindeutig einem bestimmten geologischen Modell zuzuordnen oder könnte auch durch eine lineare Störung verursacht worden sein.

Die Analyse und Interpretation eines RLT sollte in jedem Falle mit einer graphischen Darstellung der Messungen in Analogie zu Abb. 8.4 erfolgen, um die Qualität der gesamten Messung beurteilen zu können.

Werden somit keine Anzeichen einer Abweichung von der instationären Strömungsphase identifiziert oder wäre eine lineare Störung begrenzend, so könnte ein wahrscheinlicher Vorrat (*probable reserve*) von

$$G_{PR} = 4 \cdots 5 \cdot G$$

vorliegen. Die Bewertung und Entscheidung hierzu sollte interdisziplinär und keineswegs vom Lagerstättentechniker allein getroffen werden.

8.3 Analyse der Förderraten-Abfallkurve (decline curve analysis)

Förderraten-Abfallkurven werden analysiert, um aus dem gemessenen Förderratenverlauf die zu erwartenden Entwicklung der Förderrate und damit die noch förderbare Masse des Fördermediums zu bestimmen. Für eine solche Analyse können nur Förderraten genutzt werden, die ausschließlich durch den Bohrlochsohlenfließdruck begrenzt werden. Unter diesen Bedingungen wird die Förderrate durch den Vorrat im Drainagegebiet der Bohrung, d. h. hauptsächlich durch die Grenzen des Drainagegebietes beeinflusst.

8.3.1 Theoretischer Hintergrund

Wird ein zylindersymmetrisches außen geschlossenes Drainagegebiet berücksichtigt in dem eine Bohrung mit konstantem Druck fördert, so ergibt sich für lange Förderzeiten eine Näherungslösung folgender Form:

$$Q(t) = c_1 \cdot \exp[-c_2 t]\,. \tag{8.23}$$

Die Lösung gilt ab der Zeit t_0 mit der Förderrate Q_0 so dass sich ergibt

$$Q(t) = Q_0 \cdot \exp[-a(t - t_0)]\,. \tag{8.24}$$

Berücksichtigen wir nun nur die Zeit ab t_0, so kann man schreiben

$$Q(t) = Q_0 \cdot \exp[-at]\,. \tag{8.25}$$

Aus dieser Gleichung zeigt sich, dass eine Darstellung $\ln Q = \mathrm{f}(t)$ eine Gerade mit der Neigung a ergibt.

Wird nun Gl. (8.25) integriert, so ergibt sich

$$Q_{kum} = \frac{1}{a}\,[Q_0 - Q(t)] \quad \text{oder} \quad Q(t) = Q_0 - a\,Q_{kum}\,. \tag{8.26}$$

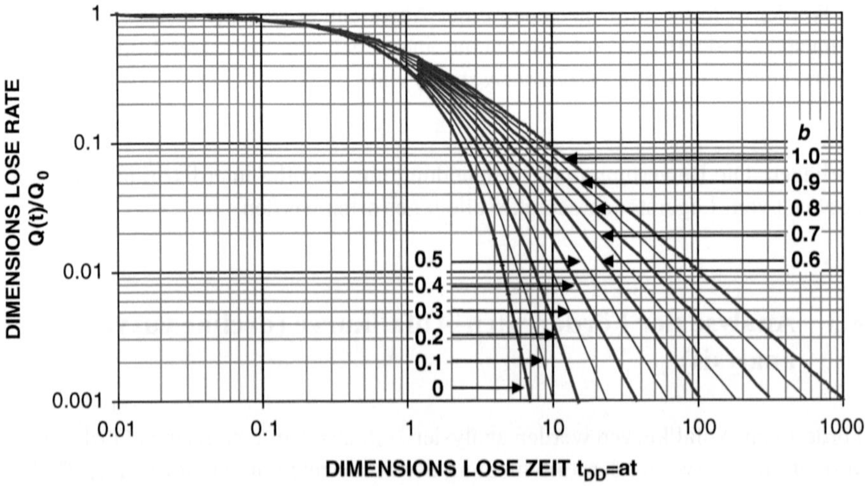

Abb. 8.5 Förderraten-Abfallkurve (decline curve) nach Fetkovich (1980)

Eine graphische Darstellung Q(t) in linearer Abhängigkeit von der kumulierten Förderrate ergibt nun gleichfalls eine Gerade mit der Neigung a.

Eine Analyse der Felddaten zeigte, dass in einigen Fällen die Ratenänderung $(1/Q)dQ/dt$ nicht konstant ist sonder die Form hat

$$\frac{1}{Q}\frac{dQ}{dt} = cQ^b. \tag{8.27}$$

Aus diesem Ansatz kann die die Gleichung abgeleitet werden

$$Q(t) = Q_0 \cdot \frac{1}{(1 + abt)^{1/b}}. \tag{8.28}$$

Aus Gl. (8.28) ergibt sich für $b \to 0$ Gl. (8.25).

Durch diese Beziehung konnte Fetkovich (1980) Typkurven für alle Werte von b entwickeln. Diese Typkurven sind in Abb. 8.5 in dargestellt.

Der Förderratenabfall ist hierbei

exponentiell für $b = 0$,
hyperbolisch für $0 < b < 1$ und
harmonisch für $b = 1$.

8.3.2 Feldbeispiel

Der Förderratenabfall einer Gasbohrung ist in Abhängigkeit von der Zeit gegeben. In Abb. 8.6 sind die Messwerte entsprechend Gl. (8.26) dargestellt. Die Messwerte

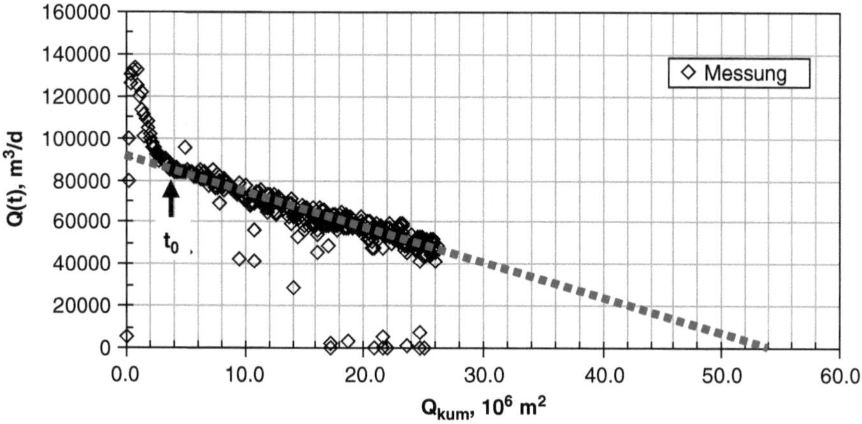

Abb. 8.6 Darstellung $Q(t)=f(Q_{kum})$ des Förderratenabfalls – Feldbeispiel

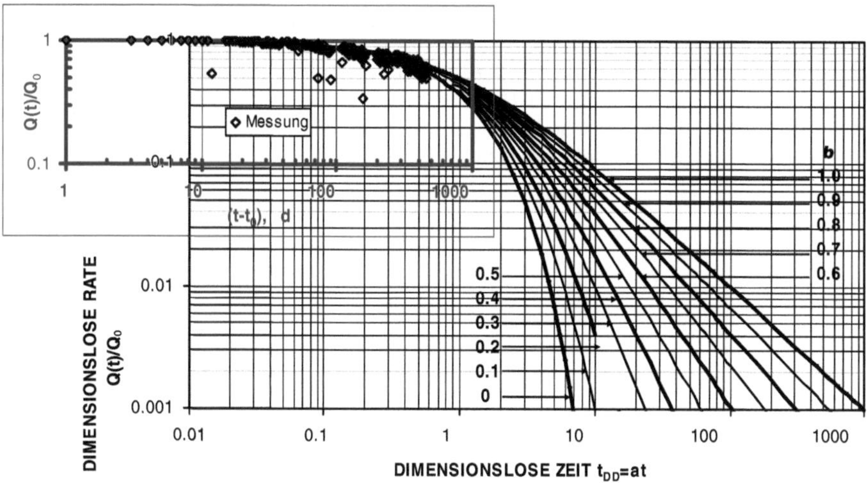

Abb. 8.7 Typkurvenanalyse des Förderratenabfalls – Feldbeispiel

folgen mit einer erheblichen Streuung einem exponentiellen Abfall, so dass eine lineare Extrapolation in dieser Darstellung möglich ist. Es zeigt sich, dass bei Beibehaltung der gegenwärtigen Förderbedingungen etwa das das bisher geförderte kumulative Gasvolumen noch einmal in Zukunft gefördert werden kann.

Bei der Typkurven-Analyse (Abb. 8.7) zeigt sich, dass der bisherige exponentielle Förderratenabfall noch einer hyperbolischen Form folgen kann. Eine Entscheidung hierzu ist aufgrund der zu kurzen Förderzeit nicht möglich, so dass auch nur eine Prognose auf exponentieller Basis (Abb. 8.6) möglich ist.

Literatur

Agarwal RG, Al-Hussainy R, Ramey HJ Jr (1965) The importance of water influx in gas reservoirs. J Pet Technol 17:1336–1342

Cronquist C (2001) Estimation an classification of reserves of crude oil, natural gas, and condensate. Society of Petroleum Engineers, Richardson, Texas

Dietz DN (1965) Determination of average reservoir pressure from buid-up surveys. J Pet Technol 17:955–959

Earlougher RC Jr (1972) Variable flow rate reservoir limit testing. J Pet Technol 24:1423–1430

Fetkovich MJ (1980) Decline curve analysis using type curves. J Pet Technol 32:1065–1077

Jones P (1957) Drawdown exploration reservoir limit, well and formation evaluation. SPE Paper presented at the SPE-AIME Permian Basin Oil Recovery, Midland, TX, Apr. 1957

Jones P (1962) Reservoir limit test on gas wells. J Pet Technol 14:613–619

Soc. of Petroleum Engineers (1997) SPE/WPC Reserves definitions. J Pet Technol 59:527 ff, Mai 1997

Soc. of Petroleum Engineers (2000) Petroleum resources classification and definitions, approved by SPE, WPC and AAPG. Published by SPE

Soc. of Petroleum Engineers (2001) Guidelines for the evaluation of petroleum reserves and resources – approved by the SPE, WPC, and AAPG. Published by SPE

Soc. of Petroleum Engineers (2005) Comparison of selected reserves and resource classification and associated definitions. Published by SPE

Voigt HD (1979) Berechnung der Erdgasvorräte nach der Druckabfallmethode bei deformierbarem Porenraum. Z Angew Geol 25:15–20

Voigt HD (1990) Verbesserte Materialbilanzmethode zur Berechnung der Erdgasvorräte in geschichteten Lagerstätten. Erdöl Ergas Kohle 106(1):16–18

Kapitel 9
Druckberechnung in Gasbohrungen und waagerechten Rohren

9.1 Druckverlustgleichung

Gehen wir vom Energieerhaltungssatz von Euler[1] aus und vernachlässigen die Veränderung der kinetischen Energie, da Schallströmung nicht erreicht wird und führen ein Reibungsglied ein, so ergibt sich die Differentialgleichung

$$\frac{1}{\rho g}dp + \sin\alpha \cdot dx + \frac{\lambda w^2}{2d}dx = 0. \tag{9.1}$$

Die Beziehung zwischen Rohrlänge und Teufe ist am Beispiel eines geneigten Rohres in Abb. 9.1 dargestellt.

Wird ferner für die Geschwindigkeit geschrieben

$$w = \frac{Q}{A} = \frac{Q}{\pi d^2/4}, \tag{9.2}$$

und eingeführt

- die Zustandsgleichung für reale Gase und die relative Gasdichte

$$\left(\frac{p}{T\rho z}\right)_N = \left(\frac{p}{T\rho z}\right), \quad (z_N = 1), \tag{9.3}$$

- die relative Gasdichte (Dichteverhältnis)

$$dv = \frac{\rho_N}{\rho_{N,Luft}} \quad (\rho_{N,Luft} = 1{,}293\,\mathrm{kg/m^3}) \tag{9.4}$$

- und die spezielle Gaskonstante für Luft R_L

$$\begin{aligned} \rho_N &= dv\,\rho_{N.Luft} = dv\frac{p_N}{T_N\,R_L} \\ \rho_g &= \qquad\qquad\;\; = dv\frac{p_g}{T_g\,z_g\,R_L} \end{aligned} \tag{9.5}$$

[1] Leonhard Euler (1707–1783) Mathematiker in Petersburg und Berlin.

DOI 10.1007/978-3-642-21013-6_9

Abb. 9.1 Beziehung zwischen Rohrlänge und Teufe für ein geneigtes Rohr

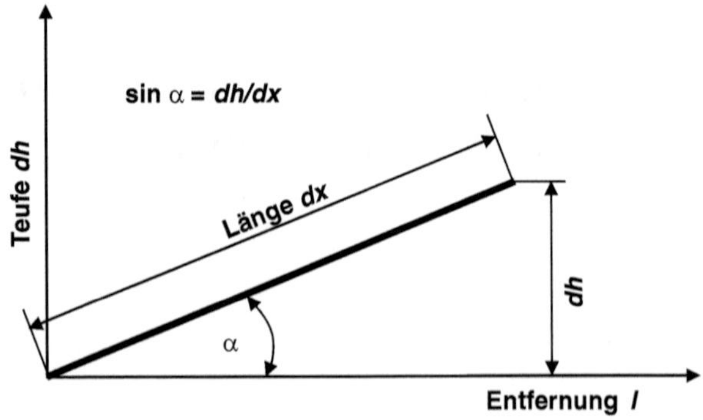

so ergibt sich

$$\frac{R_L T_g z_g}{dvg}\frac{dp_g}{p_g} + \sin\alpha dx + \frac{\lambda}{2dg}\left[\frac{Q_N}{A}\frac{p_N T_g z_g}{T_N p_g}\right]^2 dx = 0. \tag{9.6}$$

Für die Integration ist es erforderlich, dass folgende Parameter konstant sind:

Strömungsrate	Q_N
Rohrdurchmesser	d
Strömungsfläche	$A = \pi d^2/4$
Dichteverhältnis des Gases	dv
mittlereTemperatur	$T = T_m$(isotherme Strömung)
Realgasfaktor	$z = z_m = f(p_m, T_m)$
Reibungszahl	λ

Mit den Randbedingungen

$$\text{für eine Bohrung } p(x=0) = p_{Bf}, \quad p(x=L) = p_{Stf} \text{ und} \tag{9.7}$$

$$\text{für ein wagerechtes Rohr } p(x=0) = p_{Ein}, \quad p(x=L) = p_{Aus}$$

ergibt sich folgende Lösung:

$$\begin{aligned} p_{Bf}^2 &= p_{Stf}^2 \exp\left(2\frac{dv\,g\,L}{R_L T z}\sin\alpha\right) + \\ &+ \left[\exp\left(2\frac{dv\,g\,L}{R_L T z}\sin\alpha\right) - 1\right]\frac{\lambda}{2dg\cdot\sin\alpha}\left[\frac{Q_N}{A}\frac{p_N T z}{T_N}\right]^2 \end{aligned} \tag{9.8}$$

Wird nun in folgender Weise substituiert

$$S = \frac{dvgL}{R_L B} = \frac{dvgL}{R_L T_m z_m} = 0.03416\frac{dvL}{T_m z_m}, \quad R_L = 287.058\frac{J}{kg\cdot K} \tag{9.9}$$

$$\begin{aligned} \Theta &= \frac{\lambda p_N^2\, T_m^2\, z_m^2 (e^{2S\cdot\sin\alpha} - 1)}{2\,D\,g\,A^2\,T_N^2} = \frac{8\,\lambda p_N^2\, T_m^2\, z_m^2 (e^{2S\cdot\sin\alpha} - 1)}{D^5\,\pi^2 g T_N^2} \\ &= 1.137\cdot 10^4 \frac{\lambda\; T_m^2\, z_m^2 (e^{2S\cdot\sin\alpha} - 1)}{D^5\cdot\sin\alpha} \end{aligned} \tag{9.10}$$

so ergibt sich folgende Form der Lösung:

$$p_{Bf}^2 = p_{Stf}^2 \exp(2S \cdot \sin\alpha) + \Theta Q_N^2 \cdot (sign\ Q_N). \tag{9.11}$$

Folgende Grenzfälle treten auf:

sin α=+1, *sign* Q_N=+1 für eine senkrechte Bohrung mit Produktion,
sin $\alpha \rightarrow 0$, *sign* Q_N=+1 für ein waagerechtes Rohr (Pipeline),
sin α=−1, *sign* Q_N =−1 für eine senkrechte Bohrung mit Injektion.

Mit dem Winkel α=0 für das waagerechte Rohr liefert die Grenzwertbetrachtung den Reibungskoeffizienten für das waagerechte Rohr.

$$\Theta^* L = 1{,}137 \cdot 10^4 \frac{\lambda\ T_m^2 z_m^2}{D^5} \cdot 2S = 776{,}8 \frac{\lambda T_m z_m \cdot dv}{D^5} \cdot L, \tag{9.12}$$

$$p_{Ein}^2 = p_{Aus}^2 + \Theta^* L \cdot Q_N^2 \tag{9.13}$$

9.2 Anwendung der Druckverlustgleichung

Die Druckverlustgleichung für eine Gasbohrung besteht aus zwei Gliedern, die folgende physikalische Ursachen haben:

$$p_{Bf}^2 = p_{Stf}^2 e^{2S \cdot \sin\alpha} \qquad + \qquad \Theta Q_N^2 \cdot (sign Q_N) \tag{9.14}$$

Druckverlust infolge der Masse der statischen Gassäule.	Druckverlust infolge des Reibungswiderstandes im Rohr bei Strömung.

Für die Anwendung dieser Gleichung sollen nachfolgend einige Fälle, die in der Praxis auftreten, dargestellt werden.

9.2.1 Druckaufbauperiode einer Bohrung

In der Druckaufbauperiode ist die Förderrate Q_N=0. Infolge der vorhergehenden Förderung hat die Gassäule eine erhöhte Temperatur, die nicht konstant ist, sondern fällt mit der Zeit wieder abfällt. Abb. 9.2 zeigt der Verlauf von Kopf- und Sohlendruck für diesen Fall. Gleichung (9.10) liefert hier nur für die Endphase des Druckaufbaus, wenn die Temperatur konstant ist, brauchbare Ergebnisse.

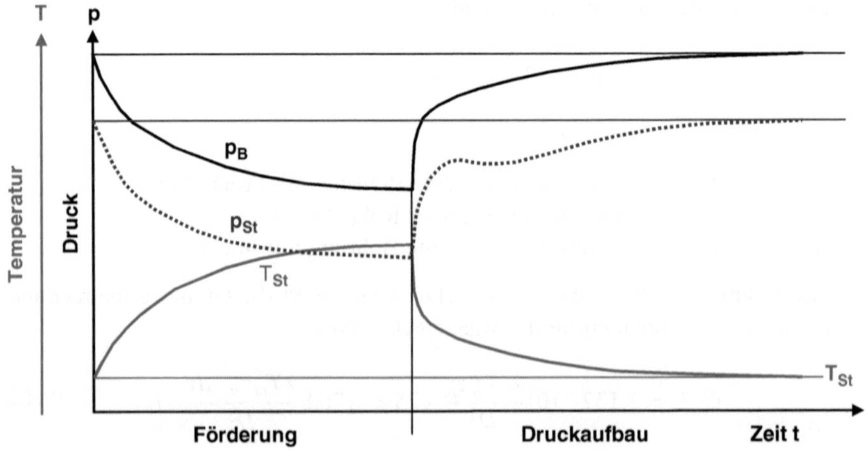

Abb. 9.2 Verlauf der Temperatur sowie des Kopf- und Sohlendruckes in der Förder- und Druckaufbauperiode einer Bohrung

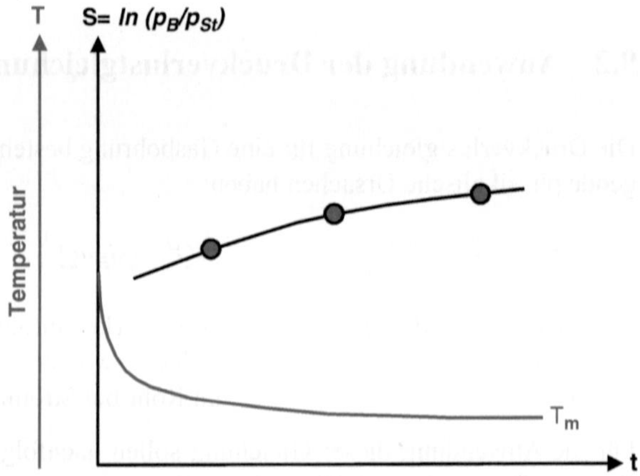

Abb. 9.3 Berechnung von *S* aus Messwerten einer Gasbohrung

9.2.2 Berechnung der Parameter S und Θ aus Messwerten einer Gasbohrung

Werden in Gasbohrungen Tests durchgeführt, so sollten neben den Kopfdrücken die Sohlendrücke gemessen werden, sofern vertrauenswürdige Interpretationsergebnisse erwartet werden.

Für die Berechnung des Parameters S muss in der Regel die Ruhephase ($Q_N=0$) genutzt werden, da aufgrund von Packerinstallationen ein Ringraumkopfdruck nicht gemessen werden kann. Für eine senkrechte Gasbohrung wird berechnet $S=\ln(p_B/p_{St})$. Abb. 9.3 zeigt ein prinzipielles Beispiel mit der Abhängigkeit von der Temperatur.

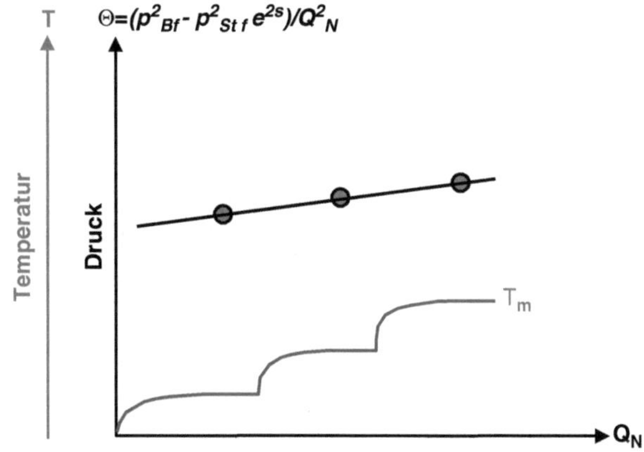

Abb. 9.4 Berechnung von Θ aus Messwerten einer Gasbohrung

Liegen Kopf- und Sohlendrücke einer Gasbohrung von unterschiedlichen Förderraten vor, so kann der komplexe Rohrreibungsparameter berechnet werden mit

$$\Theta = \left(p_{Bf}^2 - p_{Stf}^2 e^{2S}\right) / Q_N^2. \tag{9.15}$$

Ein prinzipielles Beispiel einer Berechnung ist in Abb. 9.4 gezeigt.

9.2.3 Ablauf für die Berechnung von Sohlendrücken

Für die Berechnung der Sohlendrücke mit Hilfe der oben dargestellten Gleichungen ist der mittlere Realgasfaktor erforderlich, der eine Funktion der mittleren Temperatur und des mittleren Druckes der Gassäule ist, $z_m = f(T_m, p_m)$. Der Rechenablauf ist somit iterativ zu gestalten, wobei mit $z_m = 1$ zu starten ist und nach der Berechnung der 1. Sohlendruckes der mittlere Druck für die z_m-Berechnung genutzt wird. Für die Berechnung des mittlere Druckes sollte Gl. (12.2) genutzt werden. Die Sohlendruckberechnung kann abgebrochen werden, sofern zwei folgende Werte weniger als 1 % abweichen.

Der Temperaturverlauf in fördernden Gasbohrungen ist häufig stark nichtlinear und hängt von der Förderrate ab. Es ist damit anzuraten, den Temperaturverlauf in näherungsweise lineare Abschnitte einzuteilen, wie es Abb. 9.5 zeigt, und diese Abschnitte nacheinander nach dem oben angeführten Ablauf zu berechnen.

Einen besonderen Fall der Praxis stellt eine Bohrung mit S-förmigen Verlauf (S-shape) dar (Abb. 9.6). Hier muss die Druckverlust-Berechnung abschnittsweise erfolgen.

($\Delta p_{Bohrung} = \Delta p_1 + \Delta p_2 + \Delta p_3$), wie es in Abb. 9.6 schematisch dargestellt ist.

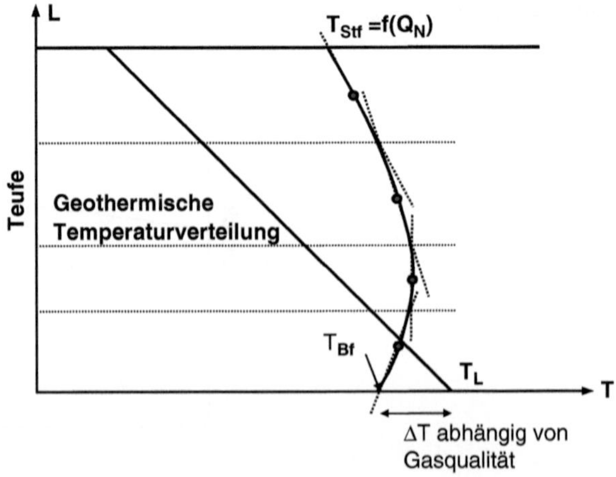

Abb. 9.5 Unterteilung des nichtlinearen Temperaturverlaufs in näherungsweise lineare Bereiche – zur Kopf-Sohlendruckberechnung

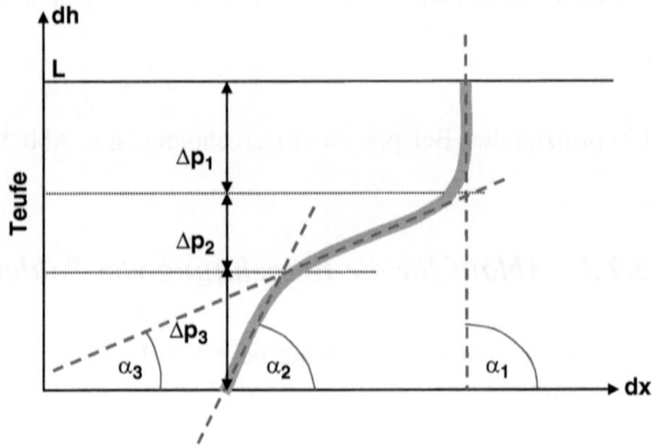

Abb. 9.6 Abschnittsweise Berechnung des Sohlendruckes bei S-förmigen Verlauf (S-shape) einer Bohrung

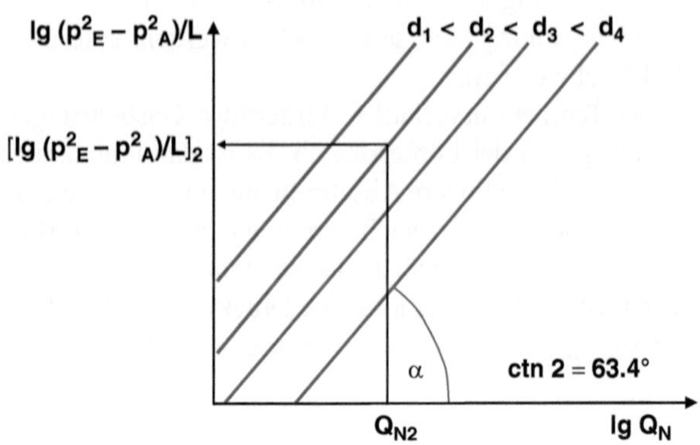

Abb. 9.7 Diagramm zur Ermittlung der Druckverluste einer Pipeline bei unterschiedlichem Durchmesser

9.2.4 Druckverlust einer Pipeline

Für die Druckverlustberechnung einer Pipeline kann aus Gl. (9.13) ein Arbeitsdiagramm in der Form.

$$\frac{p_{Ein}^2 - p_{Aus}^2}{L} = \Theta^* \cdot Q_N^2 \quad \text{und} \tag{9.16}$$

$$\lg\left(\frac{p_{Ein}^2 - p_{Aus}^2}{L}\right) = \lg \Theta^* + 2 \cdot \lg Q_N \tag{9.17}$$

erarbeitet werden. Ein solches Diagramm ermöglicht die Druckverluste in einfacher Weise zu optimieren, wie es Abb. 9.7 in prinzipieller Form zeigt.

Kapitel 10
Rohrströmung

Durch Rohre strömen unterschiedlichste Fluide in der Erdölindustrie. Sie weisen jedoch sehr unterschiedliche Strömungseigenschaften auf. So werden Gase und niedermolekulare Flüssigkeiten wie Wasser, Salzsole und einige Öle als Newtonsche[1] Flüssigkeiten bezeichnet, da sich ihr Fließverhalten durch den Newtonschen Schubspannungsansatz beschreiben lässt. Dabei ist die Schubspannung τ proportional zum Schergefälle dw/dr mit der dynamischen Viskosität μ als Proportionalitätsfaktor für das strömende Medium

$$\tau = \mu \frac{dw}{dr} = \mu \cdot \dot{\gamma}. \tag{10.1}$$

Die Viskosität ist hier eine Stoffkonstante, die nur von Druck und Temperatur abhängt.

Das Fließverhalten einer Reihe von Flüssigkeiten, wie Erdöl vor allen bei niedrigen Temperaturen, wie Bohrspülungen und Zementschlämme lässt sich jedoch nicht mit Gl. (10.1) beschreiben. Die Viskosität ist bei diesen Flüssigkeiten nicht mehr konstant, sondern hängt von der Schubspannung ab

$$\tau = \mu(\tau) \cdot \frac{dw}{dr} = \mu(\tau) \cdot \dot{\gamma}. \tag{10.2}$$

Diese Medien werden als Nicht-Newtonsche Flüssigkeiten bezeichnet. Das Fließverhalten dieser verschiedenen Flüssigkeiten ist sehr unterschiedlich, so dass es keinen einheitlichen Ansatz für das Fließverhalten gibt. Aus der Vielzahl von Modellen sollen deshalb nur drei für die Bohr- und Fördertechnik wesentliche Ansätze dargestellt werden.

Sehr stark verbreitet in der Technik ist das Potenzgesetz (power law) für strukturviskose Flüssigkeiten nach Ostwald[2] und de Waele[3]

$$\tau = K \cdot \left(\frac{dw}{dr}\right)^n = K \cdot \dot{\gamma}^n \tag{10.3}$$

[1] Isaac Newton (1643–1727) englischer Naturforscher.

[2] Wilhelm Ostwald (1853–1932) deutsch-baltischer Chemiker.

[3] Armand de Waele (1887–1966) britischer Chemiker.

H.-D. Voigt, *Lagerstättentechnik*,
DOI 10.1007/978-3-642-21013-6_10

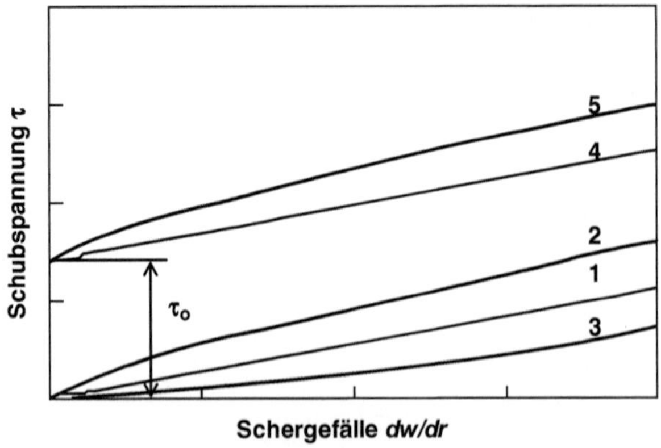

Abb. 10.1 Fließkurven für unterschiedliche Flüssigkeiten. *1*. Newtonsche Flüssigkeit: Gl. (10.1) *2*. Pseudoplastische Flüssigkeit, $n<1$: Gl. (10.3) *3*. Dilatante Flüssigkeit, $n>1$: Gl. (10.3) *4*. Bingham Flüssigkeit: Gl. (10.4) *5*. Nichtlinearplastische Flüssigkeit, $n<1$: Gl. (10.5)

mit

K – Oswald – Faktor (flow consistency factor),
n – Flüssigkeitsindex (flow behaviour index).

Der Flüssigkeitsindex liegt für pseudoplastische Medien im Bereich $0<n\leq 1$, für Newtonsche Flüssigkeiten ist $n=1$ und für dilatante Fluide ist $n>1$.

Für Flüssigkeiten, die erst nach einer anfänglichen Fließgrenze τ_0 zu fließen beginnen, gilt der Ansatz von Bingham[4]

$$\tau = \tau_0 + \mu_B \frac{dw}{dr} = \tau_0 + \mu_B \cdot \dot{\gamma}, \tag{10.4}$$

mit der Bingham -Viskosität μ_B.

Das Fließverhalten von Spülungen kann mit einer Kombination des Potenzgesetzes mit dem Bingham –Ansatz nach Herschel und Bulkley (1926) beschrieben werden.

$$\tau = \tau_0 + K \cdot \left(\frac{dw}{dr}\right)^n = \tau_0 + K \cdot \dot{\gamma}^n. \tag{10.5}$$

Die Fließkurven der hier genannten Flüssigkeiten sind in ihren prinzipiellen Verlauf in Abb. 10.1 dargestellt.

10.1 Strömung Newtonsche Flüssigkeiten

Zuerst soll die Strömung Newtonscher Flüssigkeiten mit dem Schubspannungsansatz Gl. (10.1) beschrieben werden.

[4] Eugene Cook Bingham (1878–1945) amerikanischer Chemiker

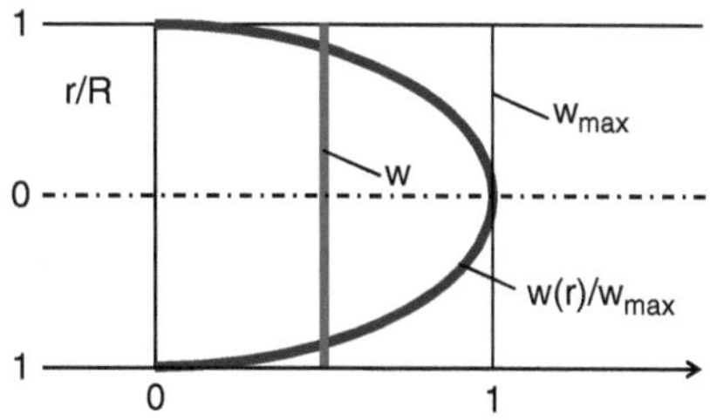

Abb. 10.2 Laminare Flüssigkeitsgeschwindigkeit im Rohr

10.1.1 Laminare Strömung

Die laminare viskose oder in Schichten verlaufende Strömung in einem Rohr wird durch das Gesetz von Hagen-Poiseuille[5,6] beschrieben

$$\Delta p = \frac{32\mu L w}{d^2} = \frac{128\mu L Q}{\pi d^4} \tag{10.6}$$

mit der mittleren Geschwindigkeit

$$w = \frac{w_{\max}}{2} \tag{10.7}$$

und der Geschwindigkeitsverteilung

$$w(r) = w_{\max}\left(1 - \frac{r^2}{R^2}\right). \tag{10.8}$$

In Abb. 10.2 ist die Geschwindigkeitsverteilung im Rohr in dimensionsloser Form dargestellt.

Wird nun das Widerstandsgesetz für die laminare Rohrströmung eingeführt

$$\Delta p = \lambda \frac{L\rho w^2}{2 \cdot d} \tag{10.9}$$

und mit dem Gesetz von Hagen-Poiseuille Gl. (10.6) gleichgesetzt, so erhalten wir für den dimensionslosen Rohrreibungsbeiwert[7]

$$\lambda = \frac{64\mu}{d\rho w} = \frac{64}{\mathrm{Re}} \tag{10.10}$$

[5] Gotthilf Heinrich Ludwig Hagen (1797–1884) deutscher Ingenieur.

[6] Jean Louis Marie Poiseuille (1797–1769) französischer Physiologe und Physiker.

[7] Anstelle von λ wird in der US-Literatur der FANNING-friction-factor *f* verwendet! Es gilt: $\lambda = 4f$. Es wird aber auch der friction-factor angegeben. Hier gilt: $\lambda = f$.

mit der Reynolds[8]-Zahl

$$\mathrm{Re} = \frac{d\rho w}{\mu}. \tag{10.11}$$

Die Druckverlustgleichung hat damit für die laminare Strömung die Form

$$\Delta p = \frac{64}{\mathrm{Re}}\frac{L\rho w^2}{2 \cdot d}. \tag{10.12}$$

Wird die Beziehung in allgemeiner Form geschrieben und der Volumenstrom eingeführt, so erhält man die Druckverlustgleichung nach Darcy-Weisbach[9,10], die sowohl für die laminare als auch für die turbulente Strömung gilt

$$\Delta p = \lambda\frac{8}{\pi^2}\frac{L\rho Q^2}{d^5}. \tag{10.13}$$

10.1.2 Turbulente Strömung

Mit zunehmender Flüssigkeitsgeschwindigkeit im Rohr findet ein Energieaustausch zwischen den Schichten, d. h. quer zu Strömungsrichtung statt. Die damit entstehenden Störungen können nicht mehr durch die infolge der Viskosität der Flüssigkeit verursachten Schubspannungen gedämpft werden und es entstehen Wirbel. Dieser Umschlag von laminarer zu turbulenter beginnt mit einem instabilen Zustand bei einer kritischen Reynolds-Zahl von

$$\mathrm{Re}{=}2300.$$

Auch die Geschwindigkeitsverteilung im Rohr wird stark durch die Turbulenz beeinflusst und hat folgende Form

$$\frac{w\,(r)}{w_{\max}} = \left[1 - \frac{r}{R}\right]^{1/n} \quad \text{mit} \quad n \approx 7. \tag{10.14}$$

Für die turbulente Strömung hängt die Geschwindigkeitsverteilung jedoch von der Reynolds-Zahl ab

$$\frac{w(r)}{w_{\max}} = f(\mathrm{Re}) \quad \text{und} \quad \mathrm{n} = f(\mathrm{Re}). \tag{10.15}$$

Näherungsweise gilt jedoch, dass bei

$$\frac{r}{R} \approx 0{,}76 \tag{10.16}$$

die mittlere Geschwindigkeit vorliegt, d. h. $w(r){=}w$.

---

[8] Osborne Reynolds (1842–1912) britischer Physiker.

[9] Henry Philibert Gaspard Darcy (1803–1858) französischer Ingenieur.

[10] Julius Ludwig Weisbach (1806–1871) deutscher Physiker und Ingenieur.

Abb. 10.3 Laminare und turbulente Geschwindigkeitsverteilungen im Rohr

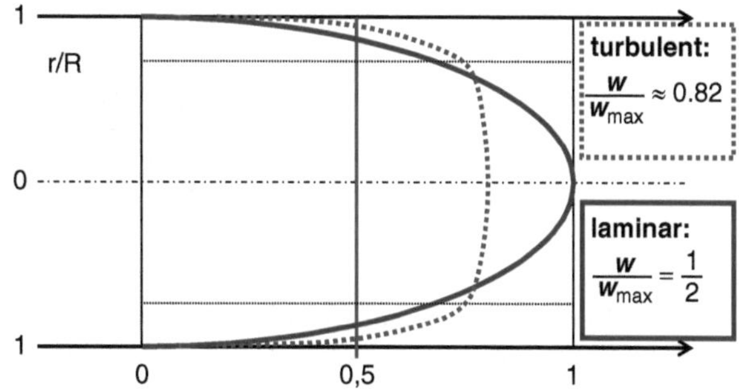

Damit ergibt sich, dass für turbulente Strömung die mittlere Geschwindigkeit 82 % der maximalen Geschwindigkeit beträgt

$$w \approx 0{,}82 w_{\text{max}}. \tag{10.17}$$

In Abb. 10.3 sind die laminare und die turbulente Geschwindigkeitsverteilung prinzipiell dargestellt. Gegenüber der laminaren Strömung zeigt sich hier, dass bei der turbulenten Strömung der Geschwindigkeitsgradient in Wandnähe größer ist und dass auch größere Wandschubspannungen und Reibungsfaktoren wirken.

Wie schon bemerkt, verursacht die Turbulenz gegenüber dem laminaren Strömen veränderte Rohrreibungsbeiwerte. Diese Rohrreibungsbeiwerte wurden von einer Reihe von Ingenieuren und Physikern untersucht und bestimmt. Prandtl[11] entwickelte die folgende Gleichung für das hydraulisch glatte Rohr. Hierbei sind die Unebenheiten der Wand des Rohres vollständig von einer viskosen Unterschicht umhüllt.

$$\frac{1}{\sqrt{\lambda}} = 2 \lg\left(\text{Re}\sqrt{\lambda}\right) - 0{,}8. \tag{10.18}$$

Diese Gleichung ist nur iterativ lösbar, deshalb wurden von Blasius[12] und Nikuradse[13] folgende Näherungsgleichungen entwickelt:

$$\begin{aligned} \lambda &= \frac{0{,}3164}{\text{Re}^{0{,}25}} && \text{für} \quad 2300 \leq \text{Re} \leq 10^5 \\ \lambda &= 0{,}0032 + \frac{0.221}{\text{Re}^{0{,}237}} && \text{für} \quad 10^5 \leq \text{Re} \leq 10^8. \end{aligned} \tag{10.19}$$

Technische Rohre weisen jedoch eine raue Wandoberfläche auf. Diese Rauigkeit k ist die mittlere Rautiefe von Rohrwandungen (Abb. 10.4). Sie hängt vom Material, dem Fertigungsverfahren bzw. der Bearbeitung und vom Zustand der Rohre ab.

[11] Ludwig Prandtl (1873–1954) deutscher Physiker.

[12] Heinrich Blasius (1883–1970) deutscher Ingenieur und Hochschullehrer.

[13] Johann Nikuradse (1894–1979) deutscher Ingenieur und Physiker.

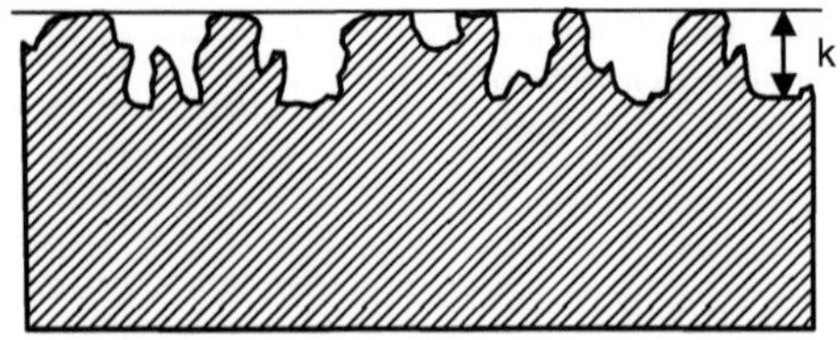

Abb. 10.4 Definition der Wandrauhigkeit k

Diese Rauigkeiten beeinflussen die Strömung. Für den hydraulisch rauen Bereich, d. h. für große relative Rauigkeiten k/d und den Bereich großer Reynolds-Zahlen entwickelte Kármán[14] und Nikuradse die folgende Beziehung für den Rohrreibungsbeiwert.

$$\frac{1}{\sqrt{\lambda}} = 2\lg\left(\frac{3{,}71k}{d}\right). \tag{10.20}$$

Die Rauigkeiten sind hier größer als die Grenzschichtdicke, d. h. sie ragen in die turbulente Strömungsschicht und der Rohrreibungsbeiwert ist unabhängig von der Re-Zahl.

Für den Übergangsbereich von hydraulisch glattem zum hydraulisch rauen Bereich entwickelten Colebrook[15] und White[16] die Gleichung

$$\frac{1}{\lambda} = -2\lg\left(\frac{k/d}{3{,}71} + \frac{2{,}51}{\mathrm{Re}\sqrt{\lambda}}\right). \tag{10.21}$$

Im Übergangsbereich hängt der Rohrreibungsbeiwert sowohl von der relativen Rauigkeit k/d als auch von der Re-Zahl ab.

Diese Beziehung enthält auch die Grenzfälle „hydraulisch glatt" $(k/d)=0$ und „hydraulisch rau" $(\mathrm{Re}\to\infty)$.

Moody[17] fasste alle diese Untersuchungen zusammen, entwickelte das in Abb. 10.5 dargestellte Diagramm und gibt als Grenzkurve vom Übergangsbereich zum hydraulisch rauen Bereich die folgende Beziehung an

$$\mathrm{Re}\sqrt{\lambda}\frac{k}{d} = 200. \tag{10.22}$$

Eine prinzipielle Darstellung des Moody Diagramms mit allen oben erläuterten Bereichen zeigt Abb. 10.5. Ein Diagramm für den Gebrauch ist in Kap. 15.7.1 zu finden.

[14] Theodore von Kármán (1881–1963) ungarisch-deutsch-amerikanischer Ingenieur.

[15] Cyril Frank Colebrook (1910–1997) britischer Physiker.

[16] Cederic Masey White (1998–1993) britischer Physiker.

[17] Lewis Ferry Moody (1880–1953) amerikanischer Ingenieur.

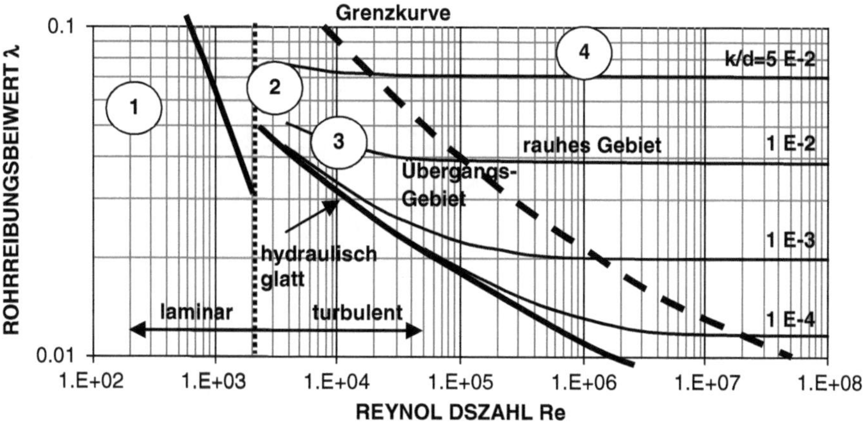

Abb. 10.5 Moody-Diagramm. *1.* Laminare Strömung, λ=64/Re, *2.* kritischer Bereich, λ ist nicht definiert, *3.* Übergangsbereich, λ=f(Re und k/d), *4.* turbulent rauer Bereich, λ=f(k/d)

10.1.3 Rohrrauigkeiten von technischen Rohren

Technische und in der Erdölindustrie eingesetzte Rohre weisen in der Regel eine Wandrauhigkeit auf. Diese Rauigkeit hängt von der Fertigung und vom Material ab und wird durch Korrosion, Erosion und Alterung beeinflusst. Rohre mit glatter Oberfläche sind nur aus Sondermaterialien oder durch eine besondere technische Bearbeitung herstellbar.

Als Rauigkeit von Rohren k wird die mittlere Rautiefe (Kerbtiefe) der Rohrwand bezeichnet, sie ist in Abb. 10.4 definiert. Eine Zusammenstellung von Rohrrauigkeiten für unterschiedliche Materialien und Zustände ist in Kap. 15.7.2 gegeben.

10.1.4 Strömung durch Ringräume (Ringspalte)

In der Bohr- und Fördertechnik ist es häufig erforderlich die Strömung durch Ringräume zu betrachten. Die Druckverluste werden hierbei sehr stark durch die geometrischen Verhältnisse, d. h. durch Durchmesserverhältnisse und Exzentrizität bestimmt. Die geometrischen Verhältnisse sind in Abb. 10.6 dargestellt, wobei für die Exzentrizität $E=0$ ein konzentrischer Ringraum vorliegt.

Für Ringraumströmung nimmt die Reynolds-Zahl folgende Form an

$$\mathrm{Re}_{RR} = \frac{w \cdot d_{äqu} \cdot \rho}{\mu}, \tag{10.23}$$

mit dem äquivalenten Durchmesser $d_{äqu}=2(R-r)=d-d_i$.

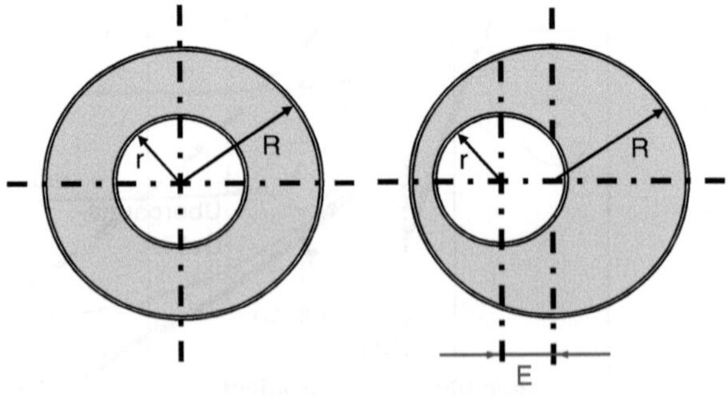

Abb. 10.6 Konzentrischer und exzentrischer Ringraum (Exzentrizität E, relative Exzentrizität $\varepsilon = E/(R-r)$)

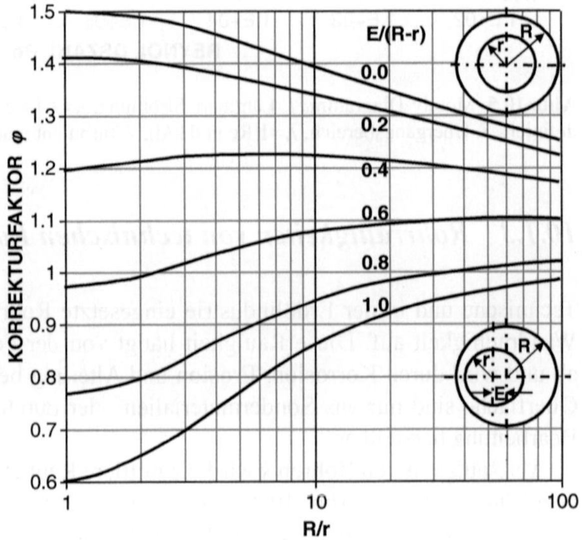

Abb. 10.7 Abhängigkeit des Korrekturfaktors φ vom Radienverhältnis r/R für Ringräume in konzentrischer und exzentrischer Lage. (Nach VDI-Wärmeatlas 2006)

Laminare Strömung Der Rohrreibungsbeiwert ist für laminare Strömungsverhältnisse wie folgt definiert

$$\lambda_{RR} = \varphi \cdot 64/\mathrm{Re}_{RR}. \tag{10.24}$$

Der Formfaktor φ kann für konzentrische Rohre berechnet werden mit

$$\varphi = \frac{(1-r/R)^2}{\dfrac{1-r/R)^4}{1-(r/R)^2} - \dfrac{1-(r/R)}{\ln(R/r)}}. \tag{10.25}$$

Für konzentrische und exzentrische Ringräume ist φ durch Abb. 10.7 gegeben, mit der Exzentrizität E und der relativen Exzentrizität $\varepsilon = E/(R-r)$ nach Abb. 10.6.

Für beide Rohrgeometrien ergeben sich aus Abb. 10.6 folgende Größenordnungen für den Korrekturfaktor φ

$$\varepsilon = 0, \quad 1{,}0 \le \varphi \le 1{,}5,$$
$$\varepsilon = 1, \quad 0{,}6 \le \varphi \le 1{,}0.$$

Turbulente Strömung Die turbulente Strömung in konzentrischen und exzentrischen Ringräumen ist aufgrund der Komplexität in einem überschaubaren Umfang hier nicht darstellbar. Sie kommt in der Fördertechnik auch nur in Ausnahmefällen zur Anwendung. Der interessierte Fachmann an diesem Problem kann jedoch auf die Arbeit von Ceatano et al. (1992) zurückgreifen.

Generell ist jedoch anzumerken, dass für konzentrische Ringräume der Rohrreibungsbeiwert höher und dagegen für vollständig exzentrische Ringräume niedriger als bei der Rohrströmung ist. Dabei ist der hydraulischen Durchmessers für Ringräume $d_H = D - d$ anzuwenden, mit dem inneren Durchmesser des äußeren Rohres D und dem äußeren Durchmesser des inneren Rohres d.

10.2 Strömung Nicht-Newtonscher Flüssigkeiten

Für Druckverlustberechnungen von Nicht-Newtonsche Flüssigkeiten gelten die vorhergehend angegebenen Rohrreibungsbeiwerte nicht. Nachfolgen werden deshalb die Rohrreibungsbeiwerte für Ostwald-de-Waele und für Bingham Flüssigkeiten angegeben werden.

10.2.1 Rohrreibungsbeiwerte für Ostwald-de-Waele Flüssigkeiten

Der Rohrreibungsbeiwerte für das o. g. Medium kann nach Metzner und Reed (1955), Naue et al. (1979) und Malin (1997) mit folgender Beziehung berechnet werden

$$\frac{1}{\sqrt{\lambda}} = \frac{2}{n^{0,75}} \lg\left(\mathrm{Re}^* \lambda^{2-n/2}\right) - \frac{0,8}{n^{1,2}} \tag{10.26}$$

mit der modifizierten Reynolds-Zahl

$$Re^* = \frac{d^n\, w^{2-n}\, \rho}{0,125 \cdot K \cdot [(6n+2)/n]^n}. \tag{10.27}$$

Da eine Berechnung von Gl. (10.26) kompliziert ist, wurde daraus eine Form der Blasius-Gleichung entwickelt

$$\lambda = a \cdot (\mathrm{Re}^*)^{-b}. \tag{10.28}$$

Die Parameter a und b sind in Abhängigkeit vom Flüssigkeitsindex n in Abb. 10.8 angegeben.

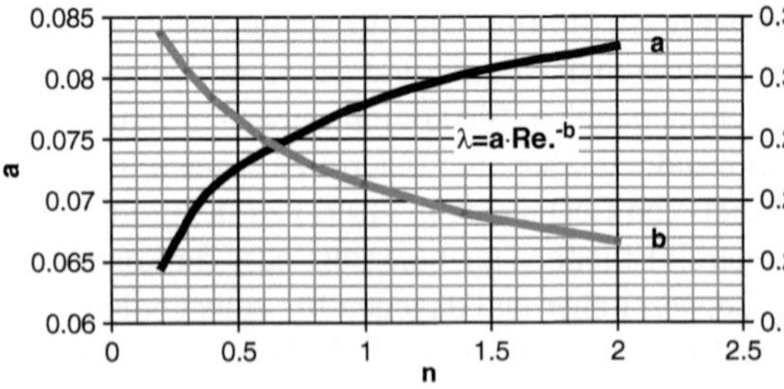

Abb. 10.8 Parameter für die Gleichungsform nach Blasius

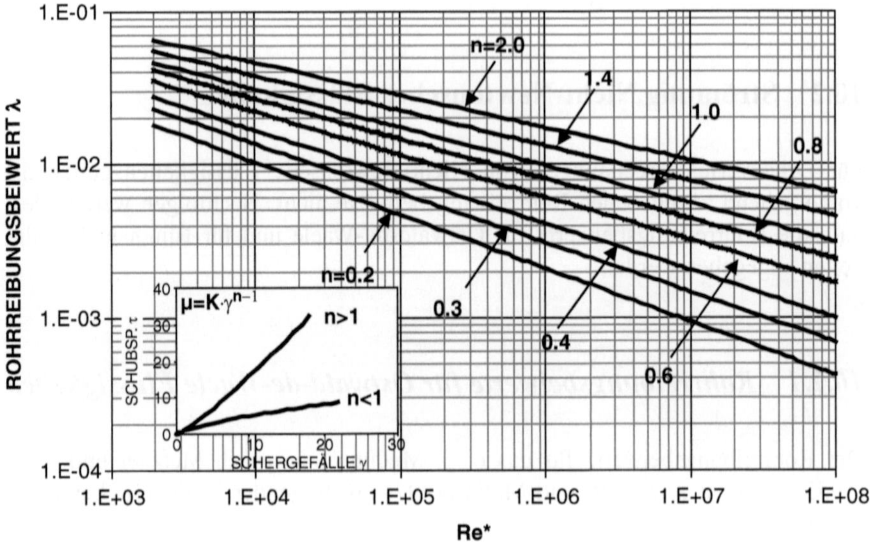

Abb. 10.9 Rohrreibungsbeiwerte für Ostwald–de Waele Fluide

Die Gleichungsform nach Blasius weicht nur ±2,5 % von Gl. (10.26) ab und ist damit für ingenieurtechnische Berechnung gut geeignet. Rohrreibungsbeiwerte für Ostwald–de Waele Fluide sind in Abb. 10.9 angegeben.

10.2.2 Rohrreibungsbeiwert für Bingham Flüssigkeiten

Für Flüssigkeiten wie Bohrspülung und Zementschlämme, deren Fließverhalten mit dem Ansatz nach Bingham beschrieben werden kann, gelten Rohrreibungsbeiwerte nach Abb. 10.10 Die λ-Werte sind in Abhängigkeit von der entsprechenden Reynolds-Zahl

$$\mathrm{Re}_B = \frac{d\rho w}{\mu_B} \tag{10.29}$$

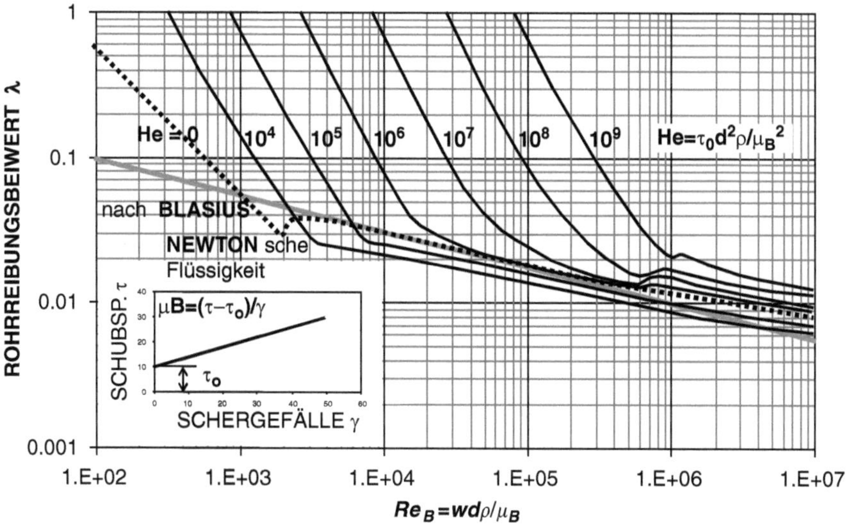

Abb. 10.10 Rohrreibungsbeiwert für Bingham Flüssigkeiten. (Nach VDI-Wärmeatlas 2006)

und von der Hedström-Zahl (Hedström 1952)

$$\mathrm{He} = \frac{\tau_0 d\rho}{\mu_B^2} \tag{10.30}$$

dargestellt.

Literatur

Caetano EF, Shoham O, Brill JP (1992) Upward vertical two-phase flow through an annulus, Part 1: Single phase friction factor, Taylor bubble rise velocity and flow pattern prediction. J Energy Res Tech 114(1):1–13

Hedström BOA (1952) Flow of plastic materials in pipes. Ind Eng Chem 44:651–656

Herschel WH, Bulkley R (1926) Konsistenzmessungen von Gummi-Benzol-Lösungen. Kolloid Z 39:291–300

Malin MR (1997) Turbulent pipe flow of power-law fluids. Int Comm Heat Mass Transfer 24(7):977–988

Metzner AB, Reed JC (1955) Flow of non-Newtonian fluids-correlation of the laminar, transition and turbulent flow regions. Am Inst Chem Eng J 14(5):434–440

Naue G, Liepe F, Mascheck HJ et al (1979) Technische Strömungsmechanik. 2. bearb Aufl. VEB Deutscher Verlag für Grundstoffindustrie, Leipzig

VDI-Wärmeatlas (2006) ISBN 10-3-540-25504-4. Springer, Berlin

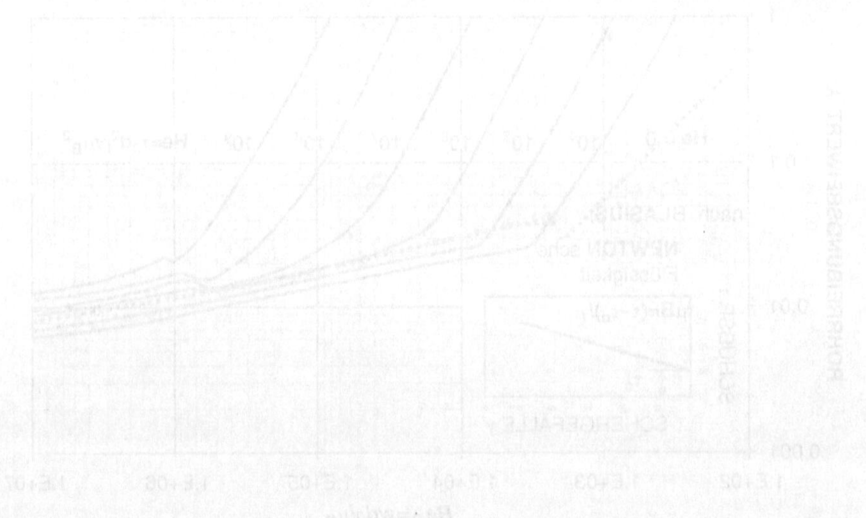

Kapitel 11
Temperaturberechnungen in Bohrungen und Pipelines

Die Temperatur des Erdreichs wird bis zu einer Teufe von 10 m bis 15 m von der Sonne beeinflusst, wie es Abb. 11.1 zeigt. So kommt es, dass es in einer Teufe von etwa 7 m unter der Oberfläche im Winter wärmer ist als im Sommer. Winzer wissen dies und nutzen diesen Umstand seit eh und je für ihre Weinkeller aus.

Für Permafrostgebiete gilt dies jedoch nicht, hier herrscht bis zu mehr als 100 m Teufe Dauerfrost.

In größeren Teufen hängt die Temperaturentwicklung vom geothermalen Wärmestrom und von den geologischen Gegebenheiten ab, so dass sich der geothermische Gradient an unterschiedlichen Standorten sehr stark vom Mittelwert mit 3 K/100 m unterscheidet (Abb. 11.2).

Die beiden oben genannten Phänomene beeinflussen natürlich die Temperaturberechnungen von Bohrungen und Pipelines. Hier sind zu berücksichtigen:

- Wärmeaustausch zwischen den Fluidströmen in der Bohrung.
- Wärmeaustausch zwischen den Fluidströmen in der Bohrung und dem Gebirge.
- Wärmeaustausch zwischen den Fluidstrom, dem Rohr und dem umgebenden Boden.

11.1 Temperaturverteilung in der Bohrung

Die Berechnung der Temperaturverteilung in einer Bohrung ist von Interesse

- beim Bohren,
- beim Fördern,
- bei der Injektion von Fluiden und Gasen,
- beim Solen von Kavernen und auch
- bei der geothermischen Energiegewinnung.

Der Wärmeaustausch von einem dieser Prozesse zwischen dem Fluid, der Bohrungsausrüstung und dem Gebirge ist in Abb. 11.3 schematisch dargestellt.

H.-D. Voigt, *Lagerstättentechnik*,
DOI 10.1007/978-3-642-21013-6_11

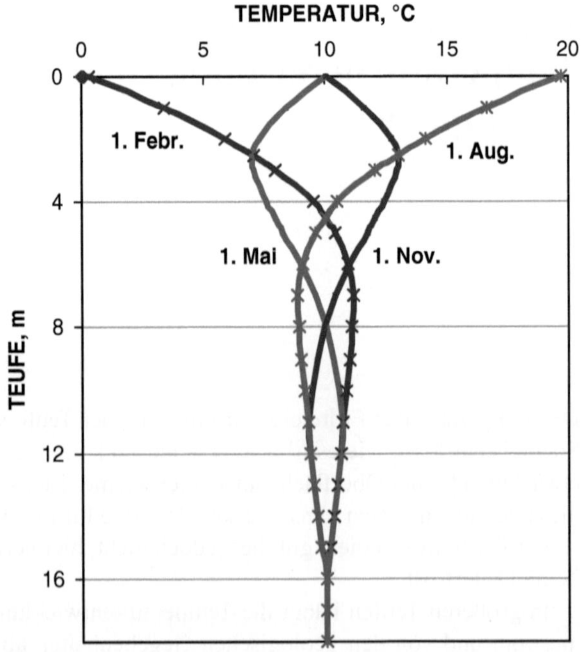

Abb. 11.1 Einfluss der Jahreszeiten auf die Temperatur der oberen Erdschichten

Die Parameter haben hier folgende Bedeutung:

α_i, α_a	Komplexe Wärmeübergangszahlen (WÜZ)	[J/(sm² K)]
α_f	Komplexe WÜZ zum Gebirge, $\alpha_f = f_{(t)}$	[J/(sm² K)]
c_{pi}, c_{pa}	spezifische Wärme	[J/(kg K)]
λ_f	Wärmeleitfähigkeit des Gebirges	[J/(sm K)]
$\dot{m}_i, \dot{m}_a$	Massenstrom	[kg/s]
ρ_i, ρ_a	Dichte der Fluide	[kg/m³]
r_i, r_a	Radien	[m]
T_i, T_a	Temperaturen	[K]
T_C, T_f	Temperaturen Casing, Gebirge	[K]
i, a, B	Indizes: innen, außen, Bohrung	
C, f	Indizes: Casing, Gebirge	

Betrachten wir zunächst eine Bohrung ohne Installation, d. h. den Wärmestrom durch ein dickwandiges Rohr (Casing), durch den Zement und durch das Gebirge. Unter der Bedingung, dass die Temperatur an der Bohrlochsohle ($z=0$) gleich der Gebirgstemperatur ist, ergibt sich folgende Beziehung für die Temperaturverteilung:

$$T_i(z,t) = T_L - \omega z \cdot sign\beta + \frac{1 - e^{-az}}{a}(\omega - b - c) \cdot sign\beta \tag{11.1}$$

$$\text{mit der Bedingung: } T_i(z=0) = T_L = T_{Bf} \tag{11.2}$$

(Es gilt für Förderung $sign\,\beta = 1$ und für Injektion $sign\,\beta = -1$).

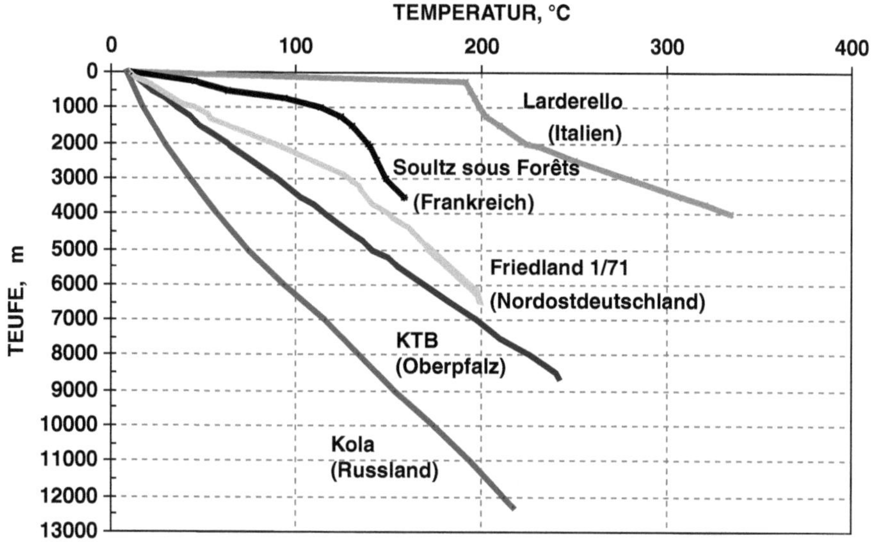

Abb. 11.2 Temperaturverlauf im tieferen Untergrund für verschiedene Standorte in Europa

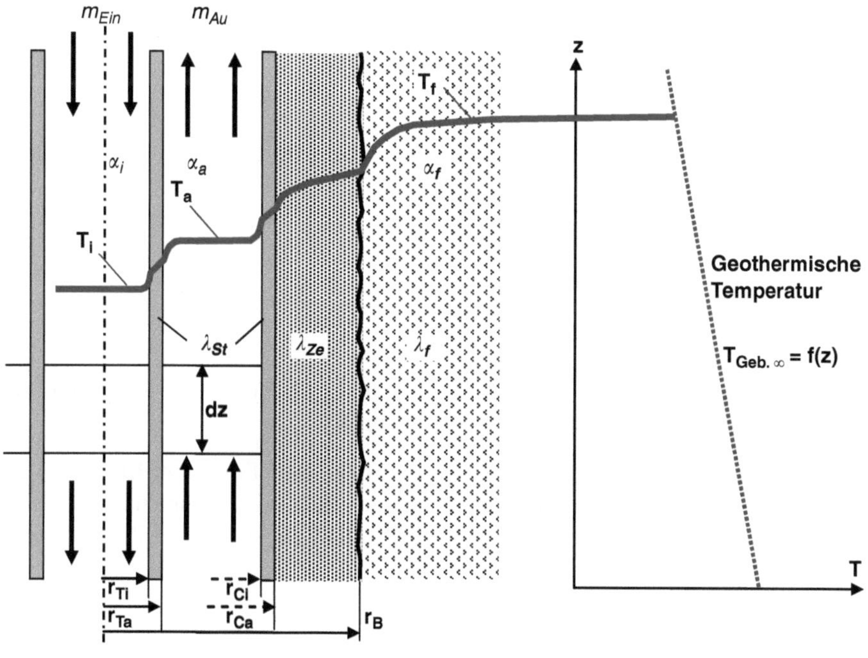

Abb. 11.3 Wärmeaustausch zwischen Fluid – Bohrung – Gebirge

Ist die Temperatur nicht gleich der Lagerstättentemperatur an der Bohrlochsohle und hat die Form

$$T_i(z=0) = T_A \neq T_L, \tag{11.3}$$

so ergibt sich

$$T_i(z,t) = T_A e^{-az} - \omega z \cdot sign\beta + \frac{1-e^{-az}}{a}(aT_L - \omega - b - c) \cdot sign\beta. \tag{11.4}$$

Es gelten folgende Abkürzungen:

$$a = \frac{2\pi\ \lambda}{\dot{m}\ c_p f(t)}, \quad b = -\mu \frac{dp}{dz}, \quad c = \frac{g}{c_p}.$$

Für eine geneigte Bohrung gilt hingegen $c = \frac{g}{c_p} \cdot \sin\alpha$, weil $\sin\alpha = \frac{z}{L}$.

Dabei bedeuten die Größen
$\dot{m}$ – Massenstrom in kg/s und
μ – Joule[1]-Thomson[2]-Koeffizient in K/Pa.

Berechnung der komplexen Variablen a für Bohrungen Für eine Bohrung ohne Installation gilt

$$a = \frac{2\pi\ \lambda}{\dot{m}\ c_p f(t)}. \tag{11.5}$$

Für eine Strömung im Steigraum mit Wärmeübergang bei einem fluidgefüllten Ringraum kann geschrieben werden:

$$a = \frac{2\pi\ \lambda}{\dot{m}\ c_p \left[f(t) + {}^{\lambda}/_{\alpha r_{Ci}}\right]}. \tag{11.6}$$

Hierin ist α eine komplexe Wärmeübergangszahl (WÜZ) für den Ringraum, die eine Größenordnung hat von $\alpha = 10 \ldots 30$ J/(s m^2 K).

Veränderung der Gebirgstemperatur in Form der Funktion f(t) bzw. $\mathbf{T_D}$ (Abb. 11.4) Die Abkühlung bzw. Erwärmung erreicht mit zunehmender Zeit entferntere Bereiche des Gebirges, d. h. r_f wächst, und ein stationärer Zustand stellt sich nicht ein.

---

[1] James Prescott Joule (1818–1889) britischer Physiker.

[2] William Thomson, Lord Kelvin (1824–1907) britischer Physiker.

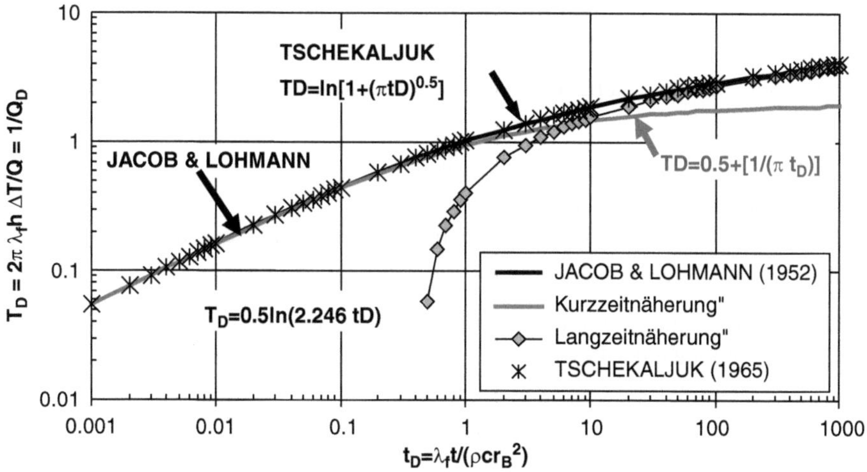

Abb. 11.4 Lösungen der Wärmeleitungsgleichungund Näherungslösungen

Der Wärmestrom verringert sich mit zunehmender Zeit, deshalb ist

$$\ln\left[\frac{r_f(t)}{r_i}\right] = f(t) = T_D \tag{11.7}$$

Für dieses Bohrungsproblem gilt die instationäre Funktion $f(t)$ bzw. T_D folgende mit der Bohrungsbedingung 1. Art, d. h. $T_i = T_B = const.$ Diese Lösung $T_D = f(t)$ wurde von Jacob und Lohman (1952) entwickelt und existiert in Form eines unendlichen Integrals. Darüber hinaus wurden folgende Näherungslösungen entwickelt:

$$T_D = \frac{1}{2}\ln(2{,}246\ t_D),\ \text{Langzeitnäherung} \tag{11.8}$$

$$T_D = \frac{1}{2} + \frac{1}{\pi\ t_D},\ \text{Kurzzeitnäherung} \tag{11.9}$$

$$T_D = \ln\left[1 + \sqrt{\pi\ t_D}\right],\ \text{Näherung von Tschekaljuk} \tag{11.10}$$

mit den dimensionslosen Größen

$$T_D = 2\pi\lambda_f dz \cdot \Delta T/Q, \tag{11.11}$$

$$t_D = \frac{\lambda_f\ t}{{r_B}^2 \rho_f\ c_f}. \tag{11.12}$$

Alle diese Lösungen sind in Abb. 11.4 dargestellt. Zu bemerken ist, dass die Näherung von Чекалюк (Tschekaljuk) (1965) für den gesamten Zeitbereich mit guter Genauigkeit (Fehler < 1,5 %) gilt.

11.2 Temperaturberechnung in der Pipeline

Zur Berechnung der Temperatur für eine horizontale Pipeline gelten folgende Bedingungen:

- Es ist $g \cdot \sin\alpha / c_p = 0$ weil der Winkel $\alpha = 0$ ist.
- Der geothermische Gradient $\omega = 0$.
- Das Gebirge bzw. der Boden hat die Temperatur $T_L = T_U = const.$, $T_U = f(H)$.
- Es kann geschrieben werden $b = -\mu dp / dz = \mu \left| \Delta p / L \right|$.

Mit diesen Bedingungen ergibt sich aus Gl. (11.4) folgende Beziehung für die Temperaturberechnung einer Pipeline:

$$T(x) = T_A \, e^{-ax} + (1 - e^{-ax}) \left[T_L - \frac{\mu \, |\Delta p|}{aL} \right]. \tag{11.13}$$

Der prinzipielle Temperaturverlauf in einer Pipeline ist in Abb. 11.5 dargestellt.

Unterschiedliche Verlegungsvarianten für Pipelines sind in Abb. 11.6 dargestellt.

Für unterschiedliche Verlegungsvarianten und entsprechenden Bedingungen ist die komplexe Variable a aus Gl. (11.13) durch folgende Beziehungen definiert:

Pipeline allgemein:

$$a = \frac{2\pi \lambda_f}{\dot{m} \, c_p f(t)} \tag{11.14}$$

Pipeline erdverlegt:

$$a = \frac{2\pi \lambda_f}{\dot{m} \, c_p \, ar\cosh \left[\frac{H}{r_P} \right]} \tag{11.15}$$

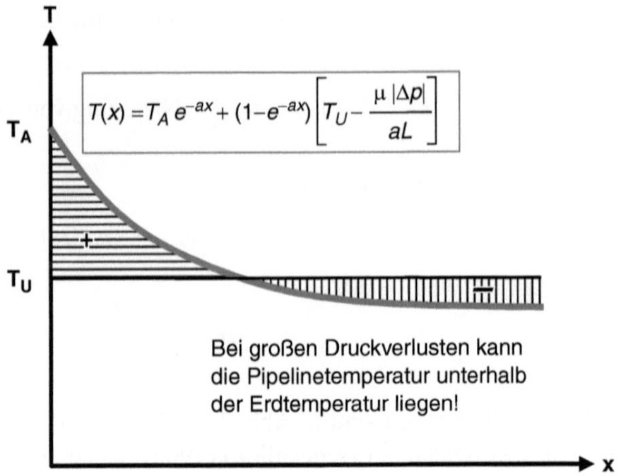

Abb. 11.5 Prinzipieller Temperaturverlauf in einer Pipeline

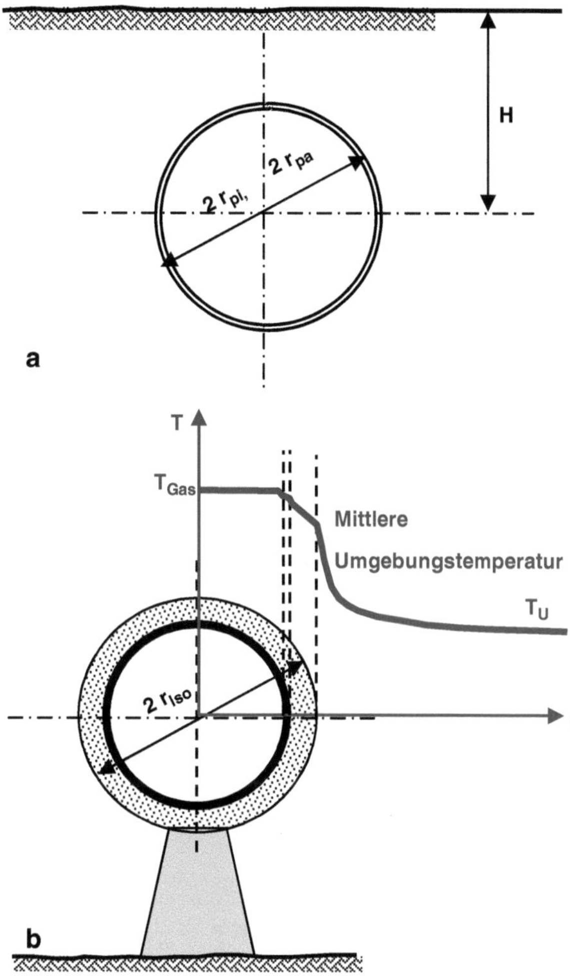

Abb. 11.6 Erdverlegte Pipeline (**a**) und luftverlegte Pipeline mit Isolation (**b**)

für $\quad \dfrac{H}{r_P} \geq 5 \quad$ ergibt sich: $\qquad a = \dfrac{2\pi\,\lambda_f}{\dot{m}\;c_p \ln\left[\frac{2H}{r_P}\right]}$

Pipeline erdverlegt für Gasströmung:

$$a = \frac{2\pi\,\lambda_f}{Q_N\,\rho_N\;c_p\quad \ln\left[\frac{2H}{r_P}\right]} \tag{11.16}$$

Pipeline luftverlegt:

$$a = \frac{2\pi}{\dot{m}\;c_p\quad\left[\frac{1}{\lambda_{St}}\ln\frac{r_a}{r_i} + \frac{1}{\alpha_i\,r_i} + \frac{1}{\alpha_a\,r_a}\right]} \tag{11.17}$$

Tab. 11.1 Parameter zur Temperaturverteilung in einer Pipeline (Abb. 11.7)

Massenstrom	$\dot{m}$	2,E+05	kg/h
Wärmeleitfähigkeit	λ_f	2,8	W/(m K)
Spez. Wärme	c_p	2100	J/(kg K)
J.Th. Koeffizient	μ	–0,041	K/bar
Verleg. Teufe	H	2	m
Durchmesser Pipeline	r_p	0,3	m
Länge Pipeline	L	100	Km
Eingangstemperatur	$T_A(L=0\,m)$	363	K
Bodentemperatur	T_L	278	K
Druckabfall	Δp	0,5	bar/km

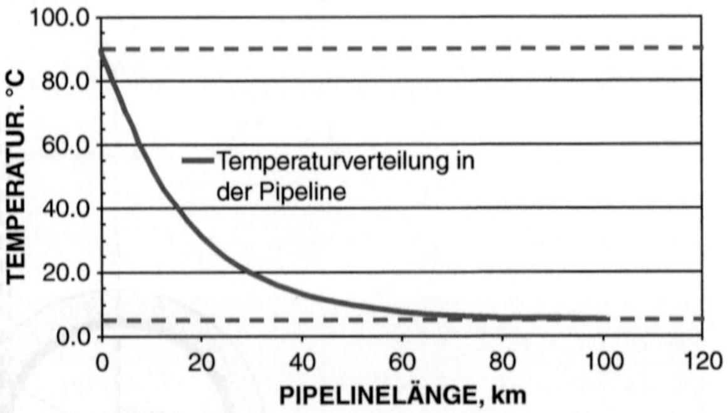

Abb. 11.7 Beispiel – Temperaturverteilung einer erdverlegten Pipeline

In Gl. (11.17) ist α_a =Wärmeübergangszahl (WÜZ) zwischen Rohr und Umgebung, $\alpha_a \approx 10 \cdots 50\ W/(m^2K)$ und $\alpha_i\ r_i \geq\geq \alpha_a\ r_a$.

Pipeline luftverlegt mit Isolation:

$$a = \frac{2\pi}{\dot{m}\ c_p\ \left[\frac{1}{\lambda_{St}} \ln \frac{r_a}{r_i} + \frac{1}{\alpha_i\ r_i} + \frac{1}{\lambda_{Iso}} \ln \frac{r_{a,Iso}}{r_a} + \frac{1}{\alpha_{a,Iso}\ r_{a,Iso}}\right]} \tag{11.18}$$

11.3 Beispiel: Temperaturberechnung einer Pipeline

Es ist die Temperaturverteilung einer erdverlegten Pipeline von 100 km Länge zu berechnen. Die Parameter sind in Tab. 11.1 gegeben.

Mit Gl. (11.15) errechnet sich eine Komplexvariable a =5,83 E-05 1/ m, so dass sich die in Abb. 11.7 dargestellte Temperaturverteilung ergibt.

Literatur

Jacob CE, Lohman SW (1952) Nonsteady flow to a well of constant drawdown in an extensive aquifer. Trans Am Geophysical Union 33(4):559–569

Чекалюъ ЭБ (1965) Термодинамика недтяного пласта. Издательство „Недра“, Москва

Kapitel 12
Mittlerer Druck von gasdurchströmten Gebieten

Die Druckverteilung eines von Gas durchströmten endlichen Gebietes (permeables Gestein oder Pipeline) kann durch folgende Gleichung beschrieben werden:

$$p^2(l) = p_E^2 - \frac{p_E^2 - p_A^2}{L} \cdot l \tag{12.1}$$

Hierin bedeuten:

P_E – Druck am Eingang des Gebietes, bar
P_A – Druck am Ausgang des Gebietes, bar
L – Länge des Gebietes, m
l – laufende Länge von 0 bis L, m

Wird diese Gleichung von 0 bis L integriert und durch L dividiert, so erhalten wir den mittleren Druck p_m

$$p_m = \frac{2}{3} \cdot \left(p_E - \frac{p_A^2}{p_E + p_A}\right) \tag{12.2}$$

Betrachten wir folgenden Fall:

$$L = 1 \text{ m}, \quad p_E = 3 \text{ bar}, \quad p_A = 1 \text{ bar},$$

so erhalten wir mit Gl. (12.2) einen mittleren Druck von

$$p_m = 2{,}167 \text{ bar bei } l = 0{,}538 \text{ m}$$

In Abb. 12.1 ist die Druckverteilung nach Gl. (12.1) gemeinsam mit dem berechneten mittleren Duck dargestellt.

Demgegenüber ergibt sich ein quadratisch gemittelter Druck nach

$$p_m = \sqrt{\left(p_E^2 + p_A^2\right)/2} \tag{12.3}$$

H.-D. Voigt, *Lagerstättentechnik*,
DOI 10.1007/978-3-642-21013-6_12

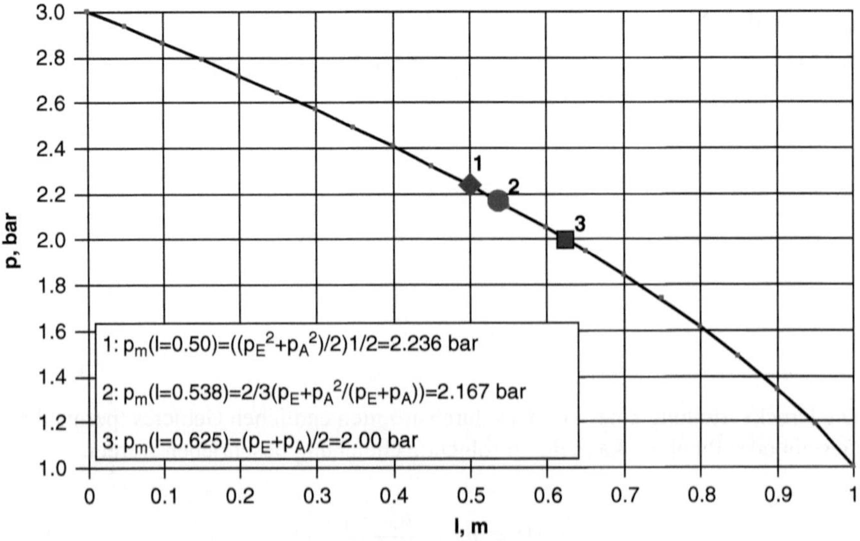

Abb. 12.1 Druckverteilung in einem von Gas durchströmten Gebiet und auf unterschiedliche Weise berechnete mittlere Drücke

von p_m=2,236 bar bei l=0,5 m und einem linear gemittelten Druck nach

$$p_m = (p_E + p_A)/2 \tag{12.4}$$

von p_m=2,0 bar bei l=0,625 m.

Der Vergleich der auf unterschiedliche Weise ermittelten mittleren Druckwerte zeigt, dass unbedingt Gl. (12.2) zur Bestimmung des mittleren Druckes verwendet werden sollte, da in dieser Weise die nichtlineare Druckverteilung exakt gemittelt wird.

Kapitel 13
Volumenstrommessung – Flüssigkeiten

Für die Messung des Volumenstroms von Flüssigkeiten stehen eine Reihe von Messgeräten zur Verfügung, die auf der Basis des Flügelrads, der Coriolis[1]-Kraft, des Ultraschalls, des Venturirohrs u. a. funktionieren. Dem Feldingenieur steht jedoch gelegentlich nur ein Behälter für eine solche Messung zur Verfügung. Für rechtwinkelige Behälter kann eine solche Messung mit Meterstock und Uhr ad hoc schnell erledigt werden. Nicht so ist es ohne Vorbereitung für zylinderförmige Behälter, die im Ölfeld häufig eingesetzt werden. Stehen hierbei auch nur Meterstock und Uhr zur Verfügung, so helfen die folgenden Berechnungsgrundlagen.

Das Volumen V eines waagerecht aufgestellten zylinderförmigen Behälters hängt von der Messhöhe h in folgender Weise ab:

$$V = \frac{D^2 L}{4} \arccos(1 - 2h/D) - (D/2 - h) \cdot \sqrt{Dh - h^2} \tag{13.1}$$

Werte dieser Gleichung sind in normierter Form in Tab. 13.1 angegeben.

Eine gute Näherung für $h \leq D/2$ liefert folgend Beziehung:

$$V \approx \frac{\pi}{2} Lh \cdot \sqrt{Dh - h^2} \tag{13.2}$$

Beide Gleichungen sind in normierter Form in Abb. 13.1 dargestellt und ermöglichen so die Volumenberechnung für unterschiedliche Längen und Durchmesser eines zylinderförmigen Behälters.

[1] Gaspard Gustave de Coriolis (1792–1843) französischer Mathematiker und Physiker.

DOI 10.1007/978-3-642-21013-6_13

Tab. 13.1 Berechnete Werte nach Gl. (13.1) in normierter Form

h/D	$V/(D_2L/4)$
0	0,0000
0,1	0,1635
0,2	0,4473
0,3	0,7927
0,4	1,1735
0,5	1,5708
0,6	1,9681
0,7	2,3489
0,8	2,6943
0,9	2,9781
1,0	3,1416

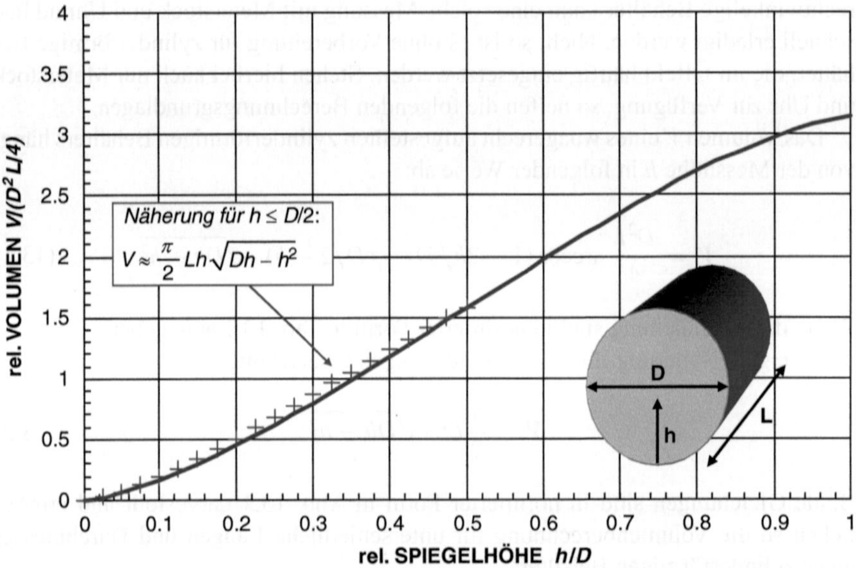

Abb. 13.1 Relatives Volumen in Abhängigkeit von der relativen Höhe für einen waagerechten Zylinder (normierte Form)

Kapitel 14
Volumenstrommessung für kritische Strömung – Gas

Unter Feldbedingungen beim Test von Gasbohrungen wird nicht selten der Volumenstrom mit einem Blenden-Messgerät (*orifice meter*) unter kritischen Strömungsbedingungen, d. h. bei Schallströmung gemessen. Der prinzipielle Aufbau eines solchen Messgerätes[1] ist in Abb. 14.1 dargestellt. Gleichzeitig sind die von unterschiedlichen Autoren gegenüber der Normblende verwendeten Abmessungen der Blenden für die Bestimmung der Blendenkonstanten angegeben (s. Durchflussmessregeln 1952).

Für eine solche Messung werden lediglich die Messgrößen Druck und Temperatur vor der Blende benötigt. Der Volumenstrom wird dann mit folgender Beziehung berechnet:

$$Q_{St} = \frac{C \cdot p_1}{\sqrt{d_V \cdot T_1 \cdot z_1}} \tag{14.1}$$

Mit der Bedeutung :

Q_{st} – Volumenstrom unter Standardbedingungen (1.013 *bar*, 288 *K*), $10^3 m^3/d$
C – Blendenkonstante
d_V – Dichtevehältnis des Gases, $d_V = \rho_{Gas}/\rho_{Luft}$ (1.013 *bar*, 288 *K*), ρ_{Luft}=1.225 kg/m^3
T_1 – Temperatur vor der Blende, *K*
p_1 – Druck vor der Blende, *bar*
p_2 – Druck hinter der Blende, *bar* (am Messgerät für kritische Strömung nicht vorhanden!)

Die Blendenkonstanten C sind vom Druckverhältnis p_2/p_1 abhängig, wie Messungen in Abb. 14.2 zeigen. Die angegebenen Werte von Rawlins und Schellhardt (1936) und Korotaev und Li (1965) gelten deshalb eingeschränkt für $p_2/p_1 < 0.2$. Da die gemessenen Werte von Abb. 14.2 für $p_2/p_1 \leq 0{,}1$ näherungsweise konstant sind, wurden diese für die Darstellung von Abb. 14.3 verwendet. Abb. 14.3 kann zur Er-

[1] In Ostdeutschland wurde dieses Messgerät in der Praxis mit dem kurzen Begriff DIKT bezeichnet, es leitet sich aus der russischen Bezeichnung ab – **D**iafragmennyi **I**smeritel **K**ritischekogo **T**etschenija (Blendenmessgerät für kritische Strömung).

H.-D. Voigt, *Lagerstättentechnik*,
DOI 10.1007/978-3-642-21013-6_14

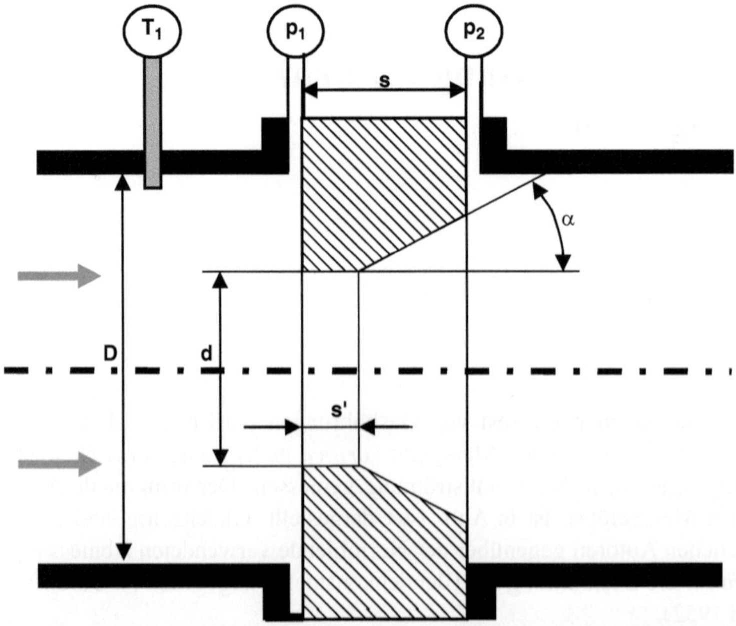

	α	s/D	s'/D
Normblende	>30 °	0,10	0,02
RAWLINS & SCHELLHARDT (1936)	60 °	0,125	0,0625
KOROTAEV & LI (1965)	60 °	0,12	0,06
VOIGT & ELIAS (1976)	30 °	0,20	0,06

Abb. 14.1 Prinzipieller Aufbau eines Blenden-Messgerätes für kritische Strömung und von unterschiedlichen Autoren genutzt Abmessungen von Blenden für die Bestimmung der Blendenkonstanten (D = 50 mm)

Abb. 14.2 Gemessene Blendenkonstanten in Abhängigkeit vom Druckverhältnis nach Voigt und Elias (1976)

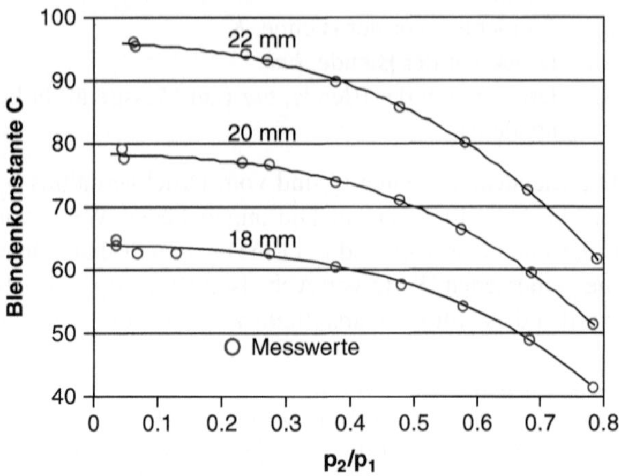

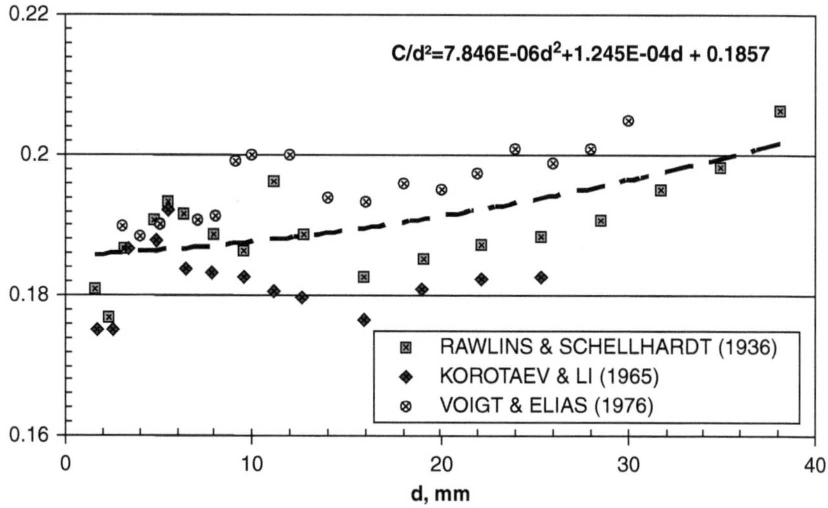

Abb. 14.3 Blendenkonstanten bei kritischer Strömung. Messungen unterschiedlicher Autoren

mittlung der entsprechenden Blendenkonstante in Abhängigkeit vom Durchmesser und den entsprechenden Blendenmaßen genutzt werden.

Bei der Messung sollte darauf geachtet werden, dass die Blende am Strömungseingang eine scharfe Kante aufweist, in dieser Weise ist mit dem Messgerät eine Genauigkeit von <5 % zu erreichen.

Literatur

Durchflussmessregeln (1952) DIN 1952, TGL 0-1952, EN ISO 5157

Korotaev Ju P, Li GA (1965) Experimentelle Erforschung der Bewegungen von Gasen und Gaskondensatgemischen durch Blenden und Düsen. Verlag Nedra (russ), Moskau

Rawlins EL, Schellhardt MA (1936) Backpressure data on natural gas wells and their applications to production practice. US Bureau of Mines, Monograph 7

Voigt HD, Elias O (1976) Zur Förderratenmessung beim Test von Gassonden. Z Angew Geol 22:420–426

Kapitel 15
Anhang

15.1 Eigenschaften von Erdöl

15.1.1 Viskosität von gasfreiem Rohöl

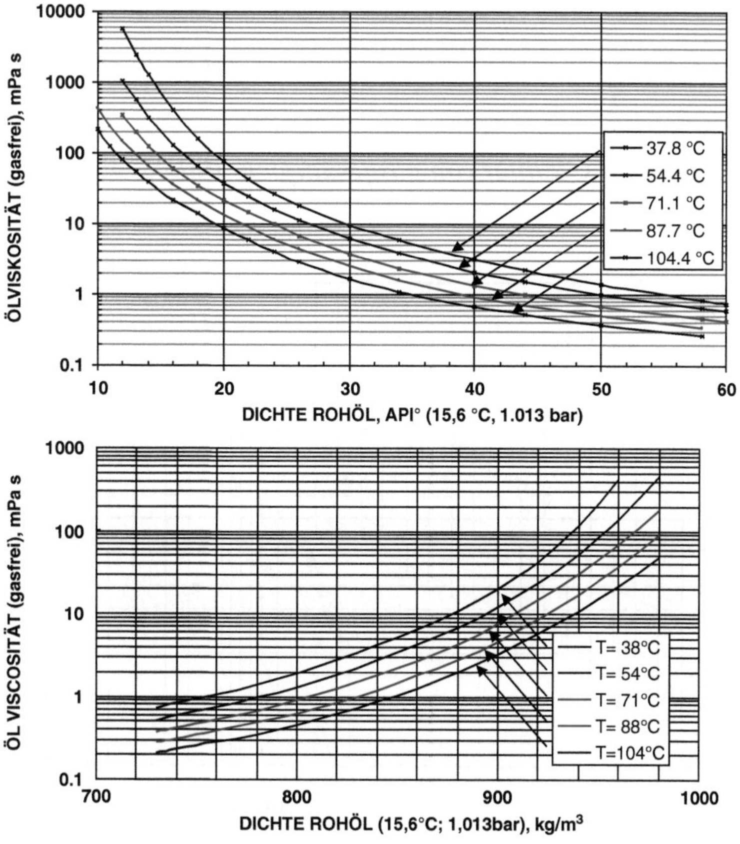

Abb. 15.1 Viskosität von gasfreiem Rohöl. (Nach Beal 1946)

DOI 10.1007/978-3-642-21013-6_15

15.1.2 Viskosität von gasgesättigtem Rohöl

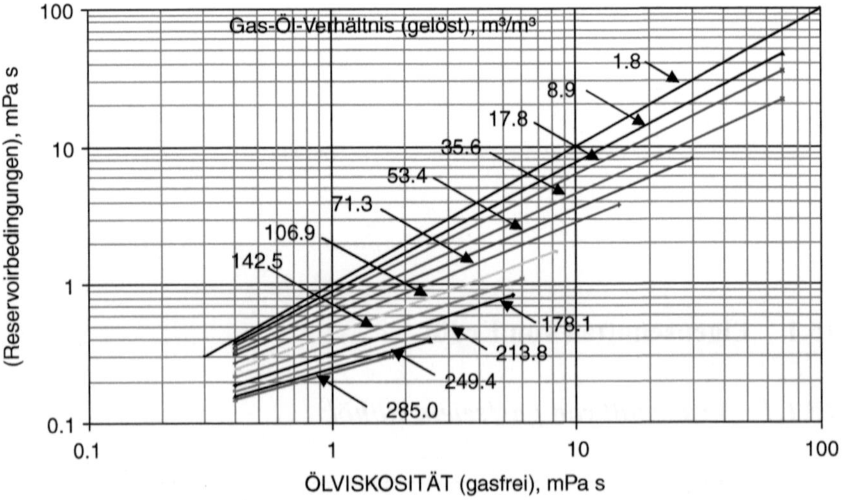

Abb. 15.2 Viskosität von gasgesättigtem Rohöl. (Nach Chew und Connally 1959)

15.1.3 Kompressibilität von gasgesättigtem Rohöl

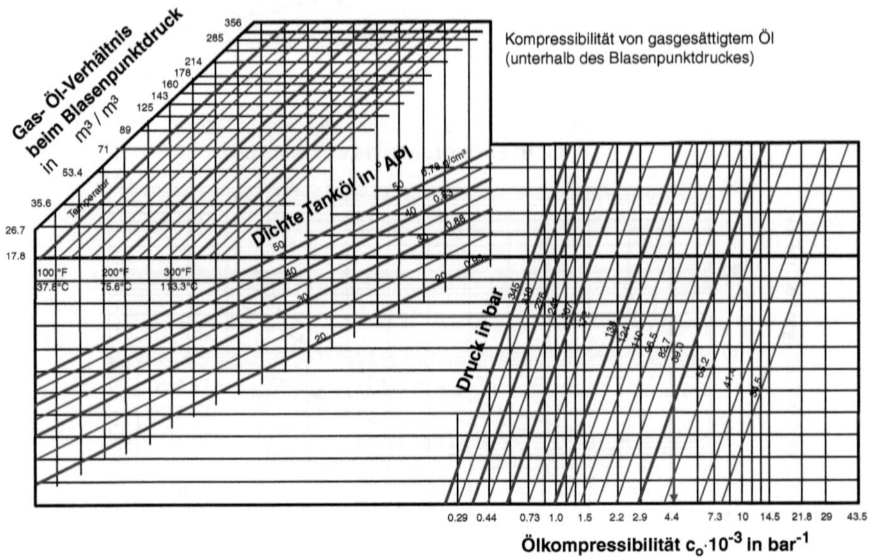

Abb. 15.3 Kompressibilität von gasgesättigtem Rohöl. (Nach McCain (1990)

15.1.4 Kompressibilität von untersättigtem Rohöl

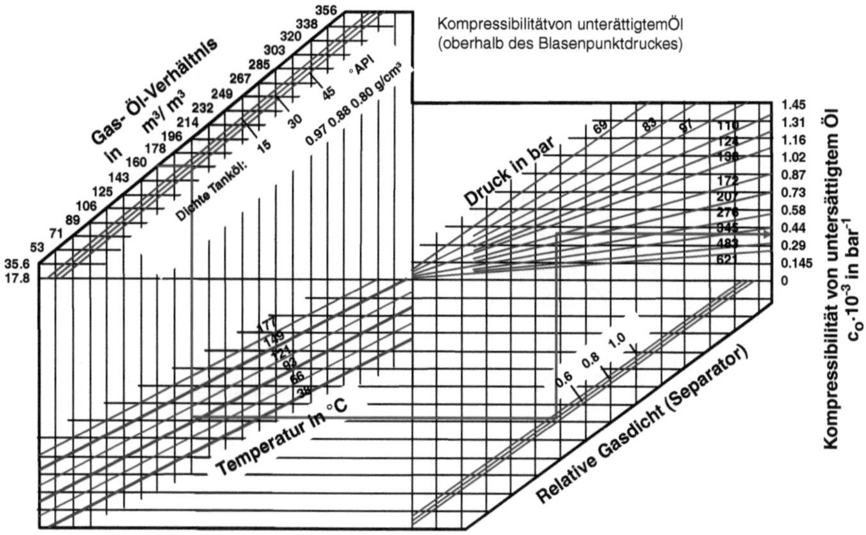

Abb. 15.4 Kompressibilität von untersättigtem Rohöl. (Nach McCain 1990)

15.1.5 Totaler Formationsvolumenfaktor

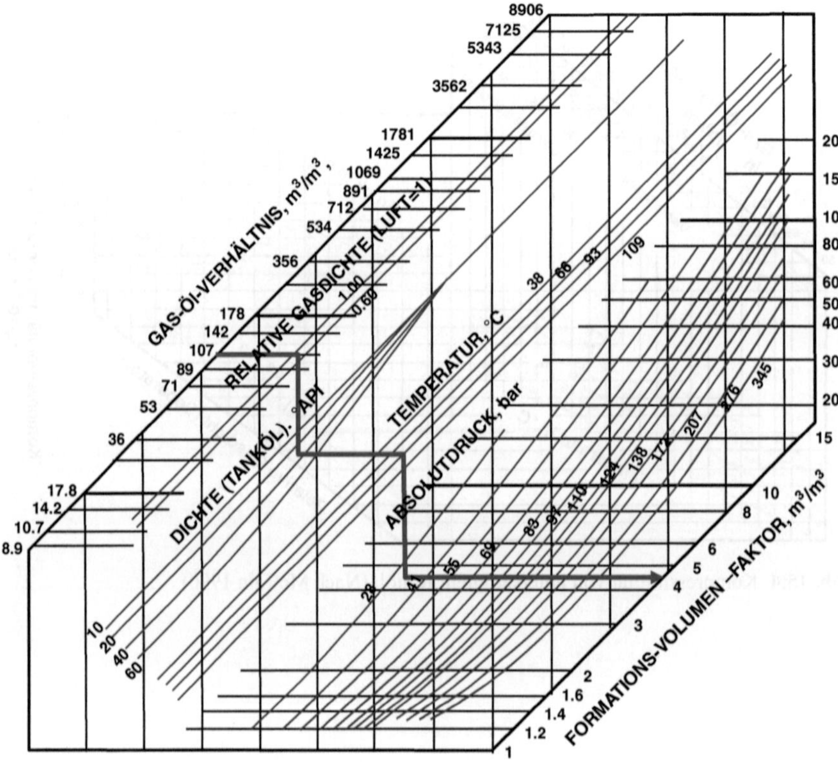

Abb. 15.5 Totaler Formationsvolumenfaktor. (Nach Standing 1981)

15.2 Eigenschaften von Erdgas

15.2.1 Physikalische Werte von Gasen

Pseudokritische und pseudoreduzierte Zustandsgrößen Erdgas besteht aus einem Gemisch von Gasen, deren Eigenschaften unter Tab. 15.1 angegeben sind (mit Ausnahme von Luft). Dabei können die Eigenschaften von Kohlenwasserstoffen gut einheitlich charakterisiert werden, da das Theorem der korrespondierenden Zustände angewendet werden kann. Unter Anwendung dieses Theorems können zur Korrelation der Eigenschaften pseudokritische und pseudoreduzierte Zustandsgrößen verwendet werden.

Der pseudokritische Druck und die pseudokritische Temperatur eines Gasgemisches sind definiert durch

Tab. 15.1 Physikalische Werte von Gasen

Gas	Formel	Molmasse (kg/kmol)	Norm-dichte[a] (kg/m³)	kritischer Druck (bar)	Kritische Temperatur (K)	Siedepunkt (°C)
Methan	CH_4	16,042	0,717	46,4	190,71	−161,4
Äthan	C_2H_6	30,068	1,356	48,8	305,43	−88,6
Propan	C_3H_8	44,094	2,004	42,6	369,97	−42,6
Stickstoff	N_2	28,016	1,250	33,9	126,01	−195,8
Kohlendioxid	CO_2	44,010	1,977	73,8	304,16	−78,2[b]
Schwefelwasserstoff	H_2S	34,076	1,539	90,0	373,56	−60,4
Helium	He	4,003	0,178	2,3	3,35	−268,9
Luft	–	28,966	1,293	37,7	132,60	−193,0

[a] Normzustand: $p_N = 1{,}01325$, $T_N = 0\,°C$
[b] Sublimationspunkt

$$p_{pc} = \sum_{i=1}^{n} x_i \cdot p_{ci}, \qquad T_{pc} = \sum_{i=1}^{n} x_i \cdot T_{ci} \tag{15.1}$$

und die pseudoreduzierten Größen berechnen sich nach

$$p_{pr} = \frac{p}{p_{pc}}, \qquad T_{pr} = \frac{T}{T_{pc}}. \tag{15.2}$$

Hierin bedeuten:

x_i	Molanteil der i Komponente im Gasgemisch	[-]
p_{ci}	kritischer Druck der Komponente *i*	[bar]
p_{pc}	pseudokritischer Druck	[bar]
p_{pr}	pseudoreduzierter Druck	[-]
T_{ci}	kritische Temperatur der Komponente *i*	[K]
T_{pc}	pseudokritischer Temperatur	[K]
T_{pr}	pseudoreduzierte Temperatur	[-]

15.2.2 Realgasfaktor von Erdgas z

Als Realgasfaktor wird die Abweichung des pVT-Verhaltens eines realen Gases vom idealen Gasgesetz bezeichnet. Der Realgasfaktor ist in nachfolgender Abb. 15.6 in Abhängigkeit von den pseudoreduzierten Größen dargestellt und gilt für Gasgemische mit weniger Anteilen als 10 % Nichtkohlenwasserstoffe.

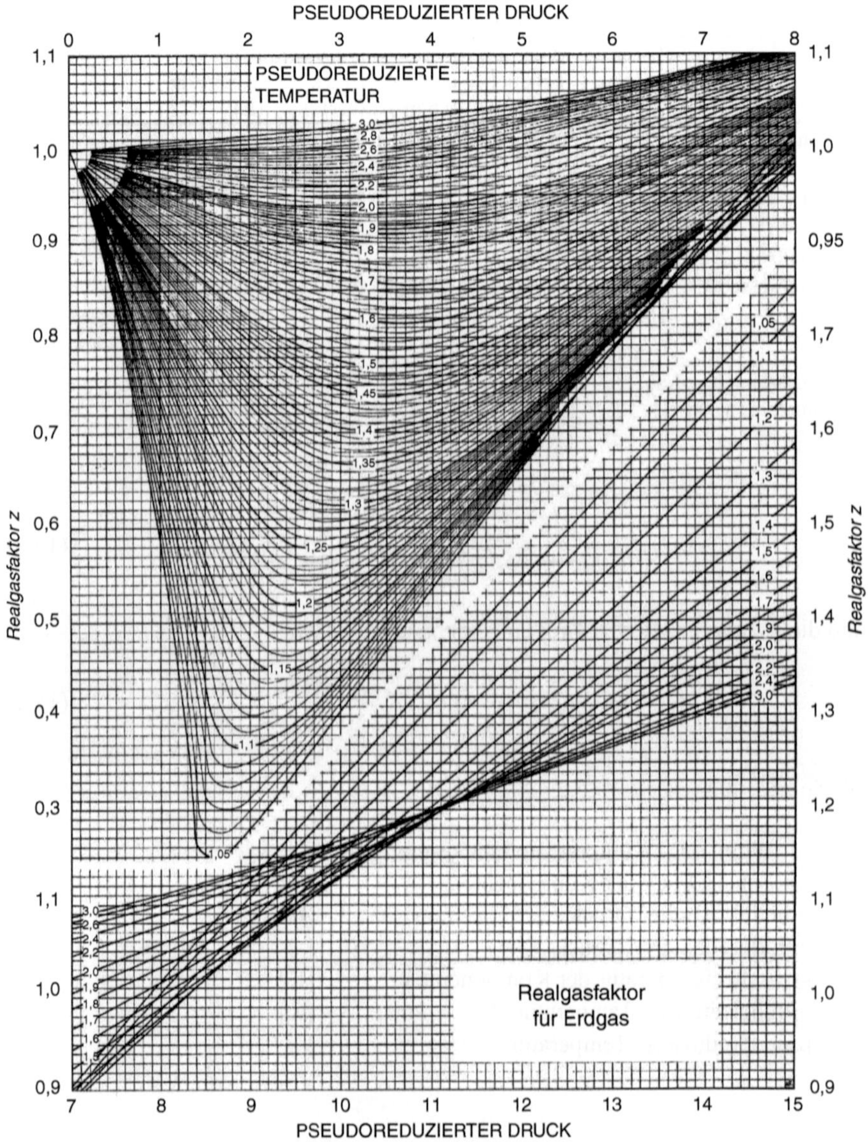

Abb. 15.6 Realgasfaktor von Erdgas. (Nach Standing und Katz 1942)

15.2.3 Kompressibilität von Gas

Die Kompressibilität von Gas ist definiert durch

$$c_g = -\frac{p}{V}\frac{dV}{dp}\bigg|_{T=konst.} \tag{15.3}$$

Unter Anwendung des Gesetzes für reale Gase kann Gl. (15.3) umgeformt werden zu

$$c_g = \frac{1}{p} - \frac{1}{2}\frac{\partial z}{\partial p}\bigg|_{T=konst.} . \tag{15.4}$$

15.2.4 Viskosität von Gas

Für die Berechnung der Viskosität von Gasgemischen unter bestimmten Duck- und Temperaturbedingungen wird zunächst unter Verwendung von Abb. 15.7 Die Viskosität für die gewünschte Temperatur und Normdruck berechnet mit

$$\mu_N = \frac{\sum_{i=1}^{n} x_i \cdot \sqrt{M_i} \cdot \mu_{Ni}}{\sum_{i=1}^{n} x_i \cdot \sqrt{M_i}} \tag{15.5}$$

anschließend wird mit Hilfe der pseudoreduzierten Größen aus Abb. 15.8 das Viskositätsverhältnis μ/μ_N bestimmt und schließlich die Viskosität berechnet mit

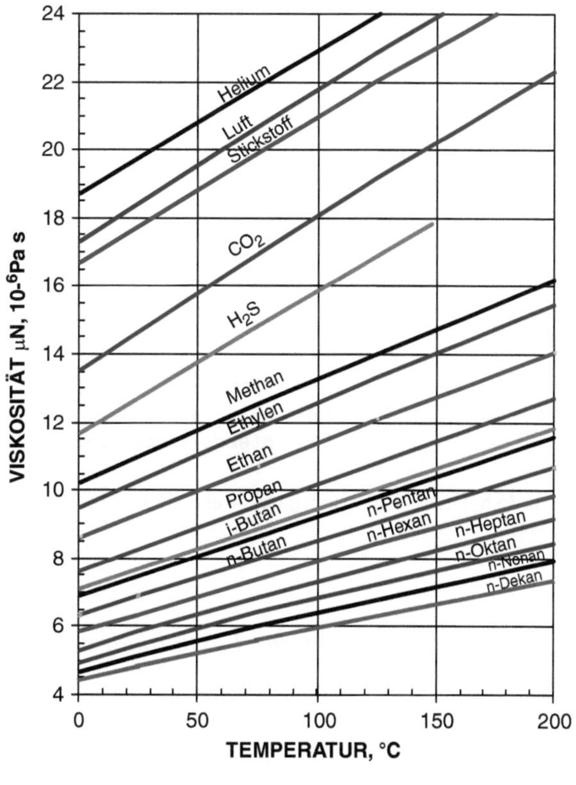

Abb. 15.7 Viskosität von Gasen in Abhängigkeit von der Temperatur μ_N (p_N=1,01325 bar)

$$\mu(p,T) = \mu_N \cdot \frac{\mu}{\mu_N}. \tag{15.6}$$

Hierin bedeuten:

M_i	Molmasse der Komponente i	[kmol/kg]
x_i	Molanteil der i Komponente im Gasgemisch	[-]
μ_{Ni}	Viskosität der Komponente i bei Normdruck gewünschter Temperatur	[Pa s]

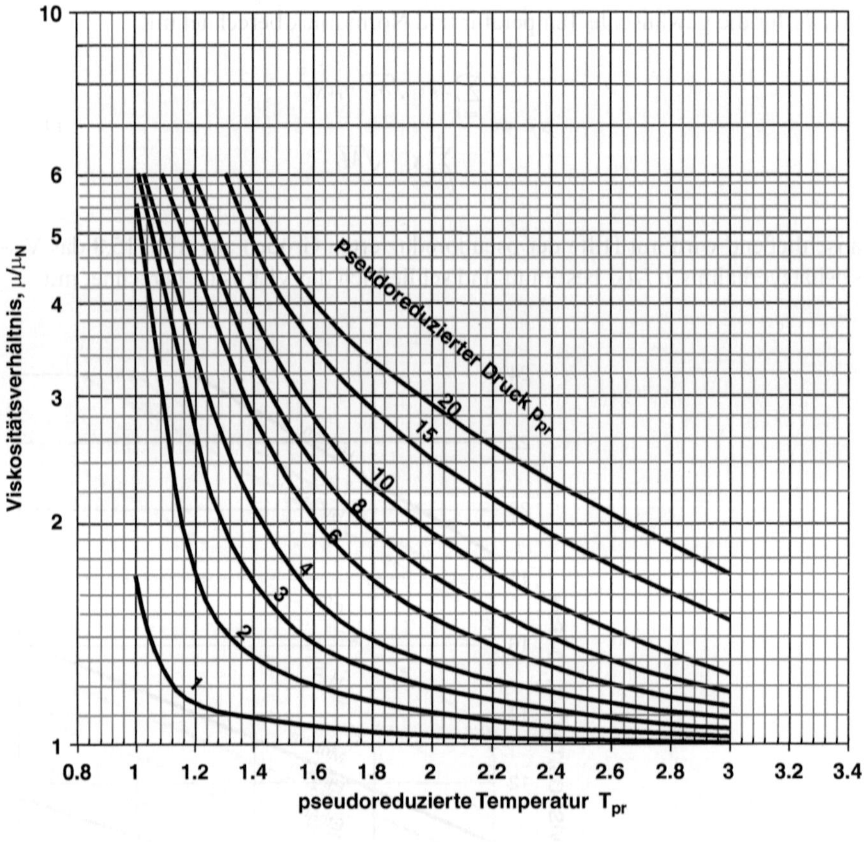

Abb. 15.8 Druck- und Temperaturkorrektur der Viskosität μ_N (p_N=1,01325 bar) nach Carr et al. (1954)

15.2.5 Berechnung der Löslichkeit von CH_4 in mineralisiertem Wasser

Die Löslichkeit von Methan bzw. Erdgas in mineralisiertem Wasser berechnet sich in folgender Weise:

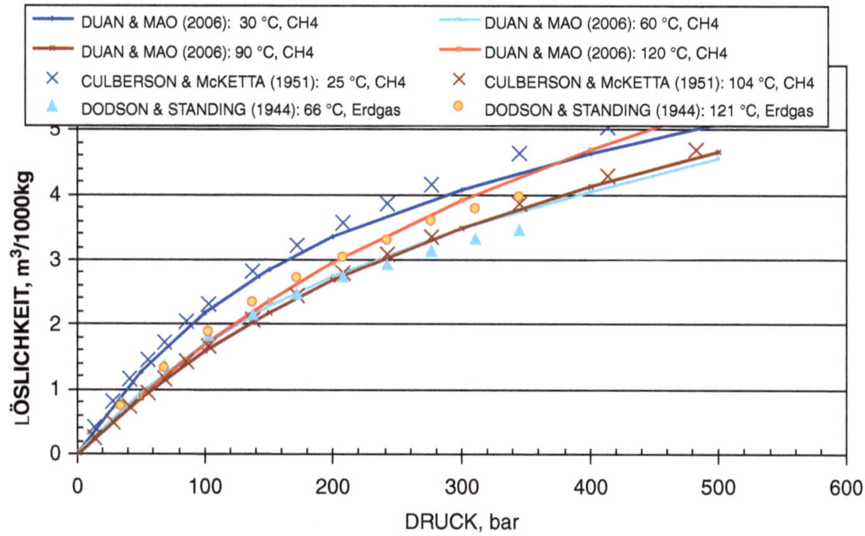

Abb. 15.9 Löslichkeit von Methan und Erdgas in reinem Wasser. (Nach Dodson und Standing 1944) und Duan und Mao 2006). Anmerkung: Da die Daten von Methan und Erdgas für praktische Verhältnisse gut übereinstimmen können die Ergebnisse für beide Gase in guter Annäherung genutzt werden

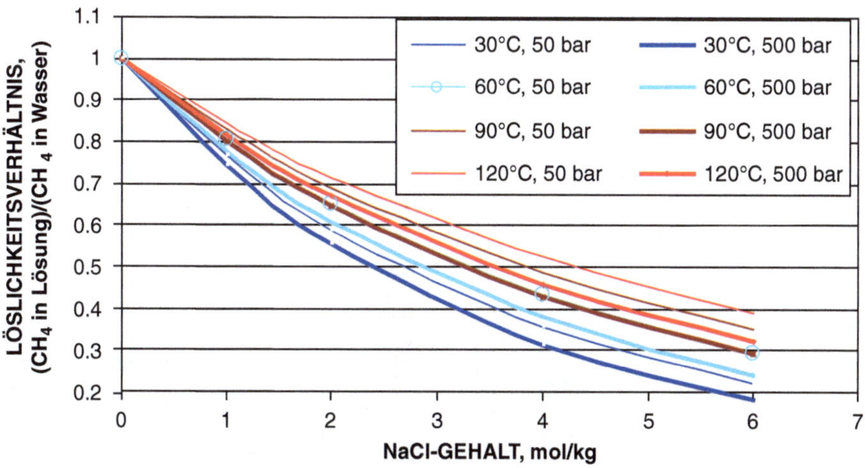

Abb. 15.10 Löslichkeitsfaktor – Methan in NaCl-Lösung zu Wasser in Abhängigkeit von NaCl-Gehalt für unterschiedliche Drücke und Temperaturen. (Nach Daten von Duan und Mao 2006)

Löslichkeit von CH_4 in $NaCl$-Lösung =
= (Löslichkeit von CH_4 in reinem Wasser – Abb. 15.9)
· (CH_4 Löslichkeitsverhältnis Abb. 15.10)

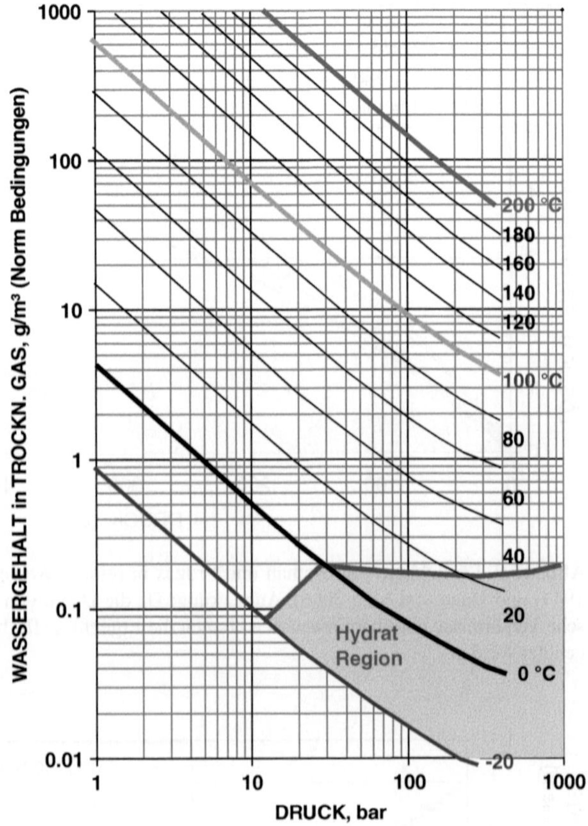

Abb. 15.11 Wassergehalt von Erdgas (reines Wasser im Gleichgewicht mit Erdgas)

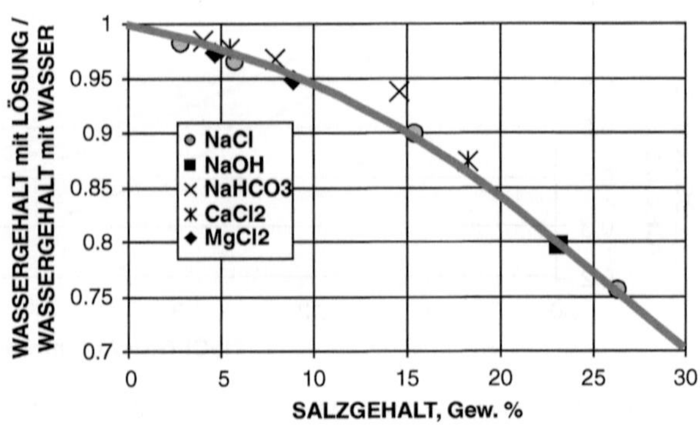

Abb. 15.12 Einfluss des Salzgehaltes auf den Wassergehalt im Erdgas. (Nach Katz et al. 1959)

15.2.6 Wassergehalt von Erdgas

Der Wassergehalt von Erdgas im Gleichgewicht mit reinem Wasser ist in Abhängigkeit von Druck und Temperatur im Abb. 15.11 angegeben. Gelöste Salze im Wasser erniedrigen den Partialdruck des Wassers gegenüber reinem Wasser und somit auch den Wassergehalt im Gas. Die näherungsweise Reduktion des Wassergehaltes im Erdgas in Abhängigkeit vom Salzgehalt ist im Abb. 15.12 angegeben.

15.2.7 Joule-Thomson-Koeffizient von Erdgas

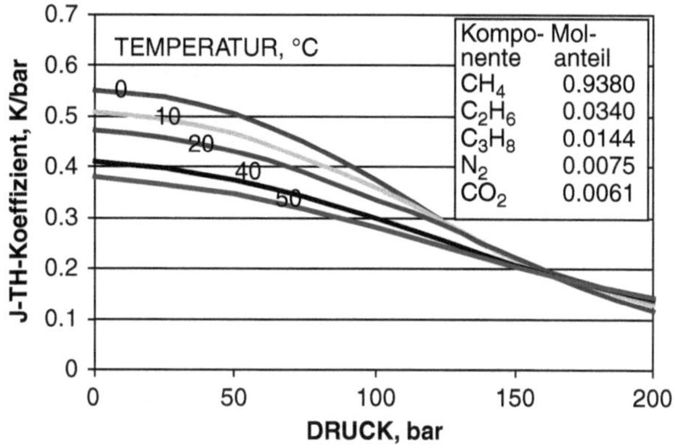

Abb. 15.13 Joule-Thomson-Koeffizient von Erdgas. (Nach Sage et al. 1942) und Förster und Köckritz 1989)

15.2.8 Gleichgewichtskurven für die Hydratbildung in Abhängigkeit von Druck und Temperatur für verschiedene Gase

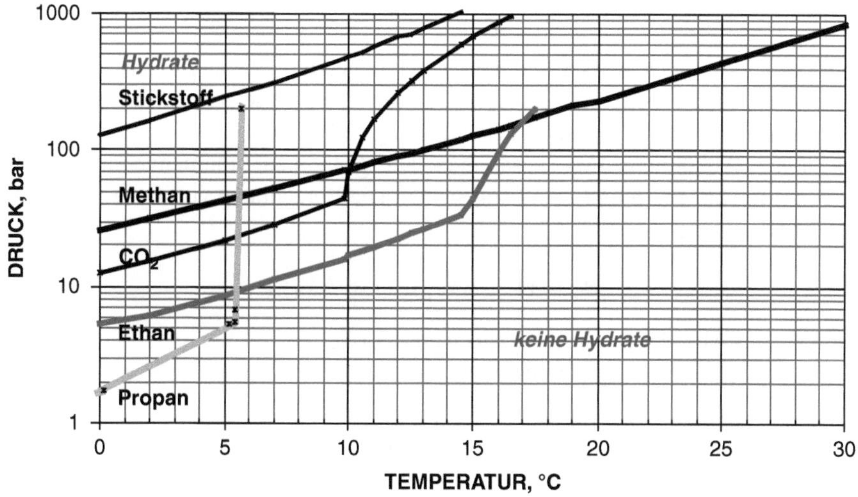

Abb. 15.14 Gleichgewichtkurven für die Hydratbildung in Abhängigkeit von Druck und Temperatur für verschiedene Gase. (Nach Caroll (2003) erweitert)

15.3 Eigenschaften von Wasser

15.3.1 Dichte von Wasser in Abhängigkeit von Druck und Temperatur

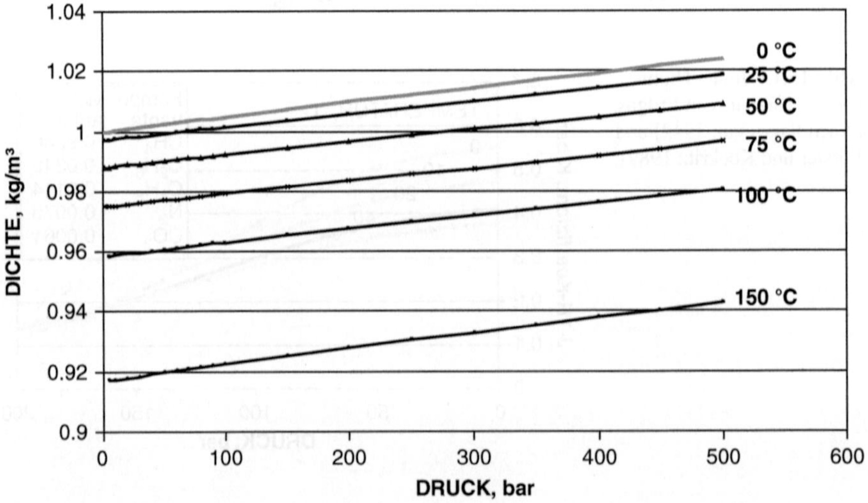

Abb. 15.15 Dichte von Wasser in Abhängigkeit von Druck und Temperatur. (Nach VDI-Wärmeatlas (2006)

15.3.2 Formationsvolumenfaktor von Wasser B_w

Die Veränderung des Wasservolumens unter Lagerstättenbedingungen zum Volumen unter Standardbedingungen (1,01325 bar, 15,6 bar) setzt sich auch der Volumenvergrößerung infolge der Druckentlastung ΔV_{wp} und der Volumenverringerung durch Abkühlung ΔV_{wp} zusammen. Die genannten Volumenveränderungen sind in den Abb. 15.16 und 15.17 angegeben. Die Berechnung von B_w erfolgt dann mit der Gleichung

$$B_w = (1 + \Delta V_{wp}) \cdot (1 + \Delta V_{wT}) \tag{15.7}$$

mit ΔV_{wp} aus Abb. 15.16 und ΔV_{wT} aus Abb. 15.17).

Die angegebenen Diagramme gelten auch für Salzlösungen.

Beispiel: Daten: p=200 bar, T=70 °C
Ergebnis: B_w=(1−0,004)(1+1,025)= **1,02**

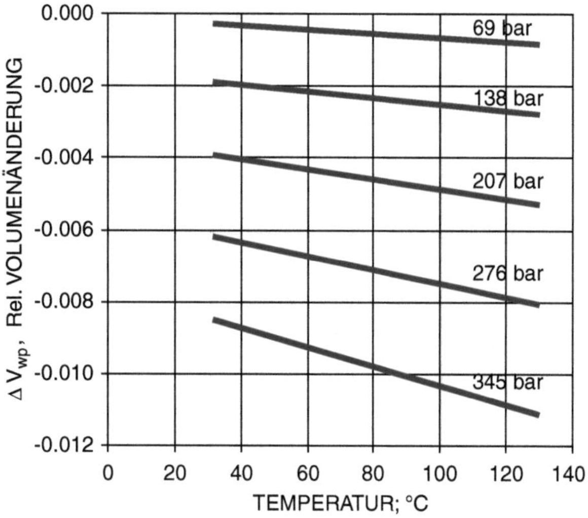

Abb. 15.16 Relative Volumenänderung in Abhängigkeit von Lagerstättendruck und -temperatur. (Nach McCain 1990)

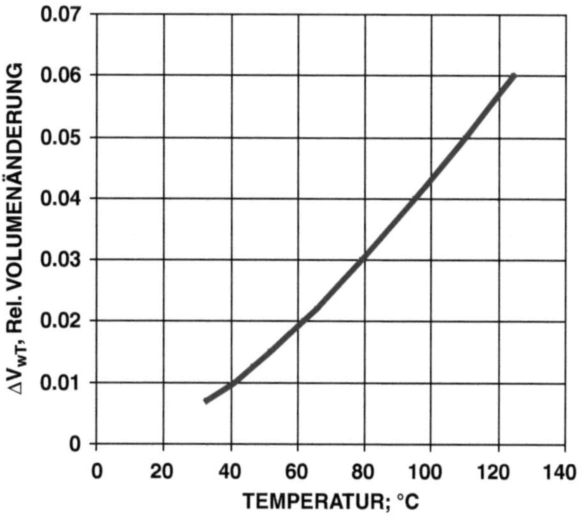

Abb. 15.17 Relative Volumenänderung in Abhängigkeit von der Lagerstättentemperatur. (Nach McCain 1990)

15.3.3 Viskosität von Wasser μ in Abhängigkeit von Druck, Temperatur und Salzgehalt

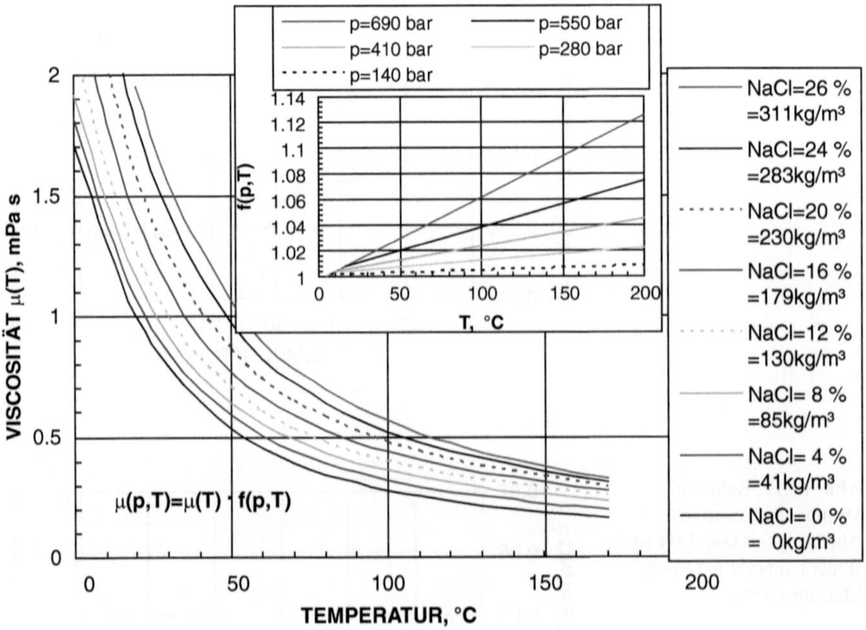

Abb. 15.18 Viskosität von Wasser μ in Abhängigkeit von Druck, Temperatur und Salzgehalt. (Nach McCain 1990)

15.3.4 Kompressibilität von Wasser c_w in Abhängigkeit von Druck, Temperatur und Salzgehalt

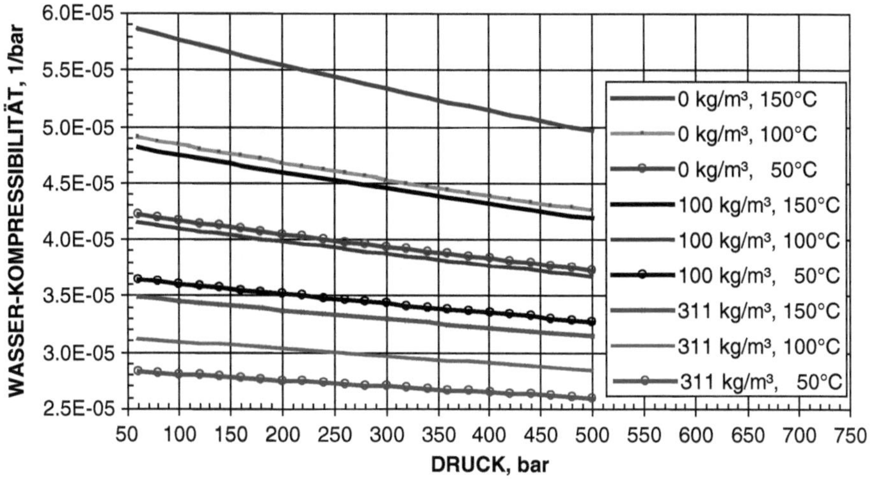

Abb. 15.19 Kompressibilität von Wasser c_W in Abhängigkeit von Druck, Temperatur und Salzgehalt. (Nach Osif 1984)

15.4 Eigenschaften von CO_2

15.4.1 Dichte

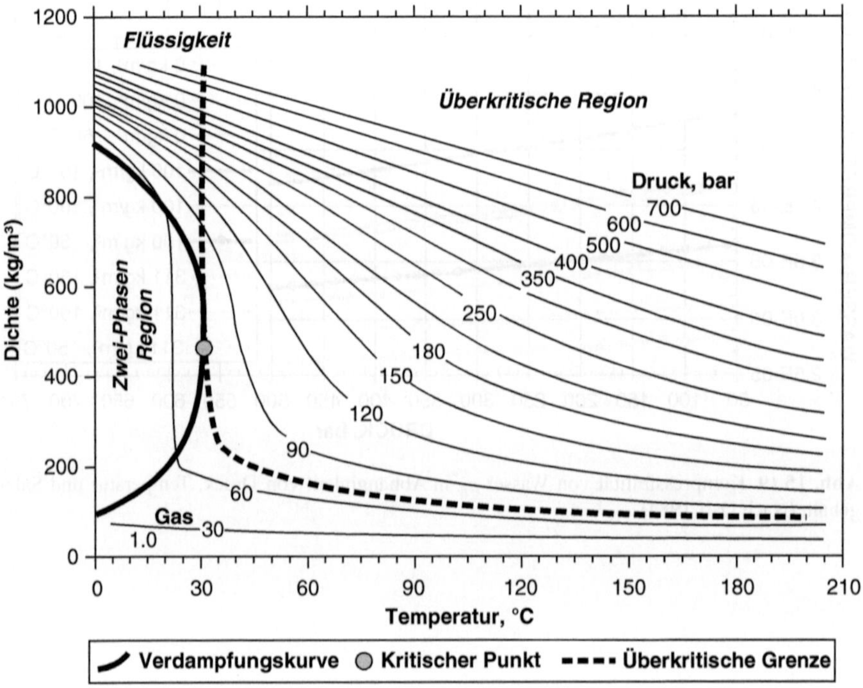

Abb. 15.20 Dichte von CO_2

15.4.2 Realgasfaktor

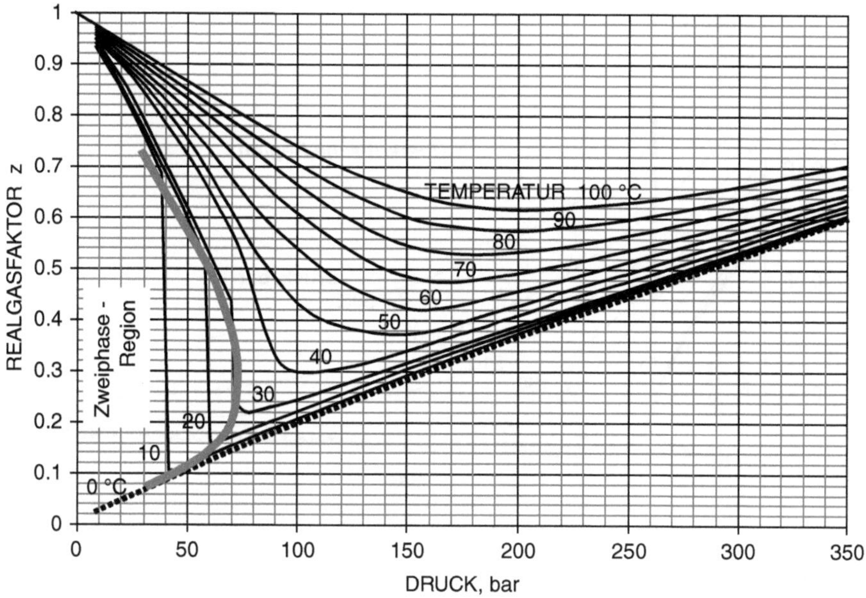

Abb. 15.21 Realgasfaktor von CO_2

15.4.3 Viskosität

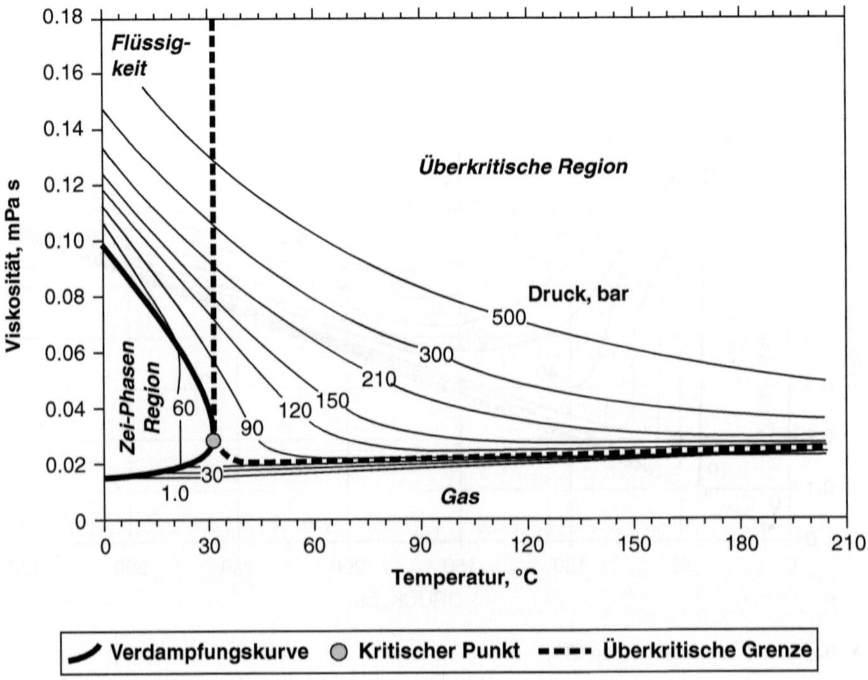

Abb. 15.22 Viskosität von CO_2

15.4.4 Joule-Thomson-Koeffizient

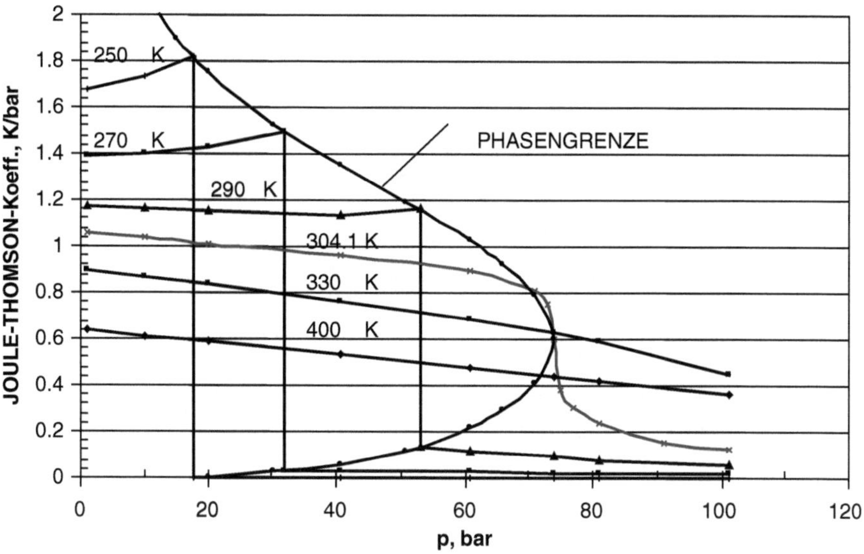

Abb. 15.23 Joule-Thomson-Koeffizient von CO_2. (Nach Burnett (1923)

15.4.5 Löslichkeit von CO_2 in reinem Wasser

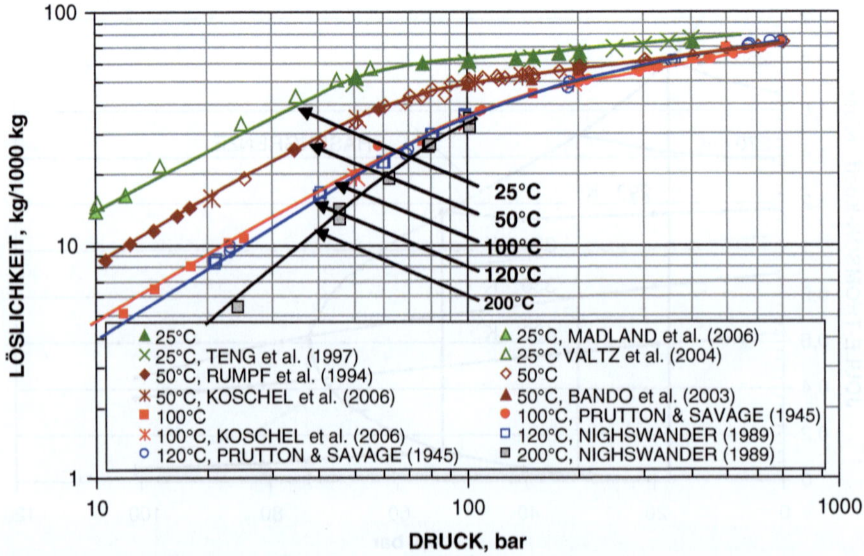

Abb. 15.24 Löslichkeit von CO_2 in reinem Wasser. (Nach Messungen verschiedener Autoren)

15.4.6 Löslichkeitsfaktor von CO_2 in mineralisiertem Wasser in Abhängigkeit vom Lösungsgehalt

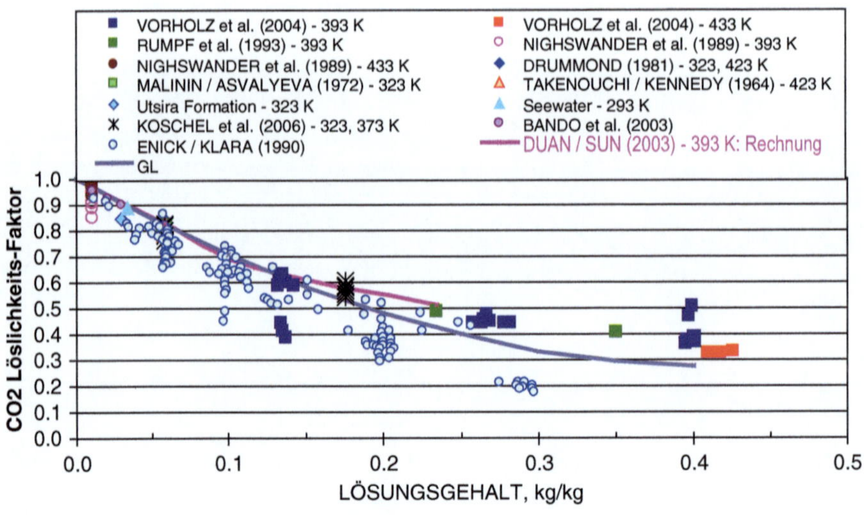

Abb. 15.25 Löslichkeitsfaktor von CO_2 in mineralisiertem Wasser in Abhängigkeit vom Lösungsgehalt. (Nach Enick und Klara (1990) ergänzt durch Messungen verschiedener Autoren)

Berechnung der Löslichkeit von CO_2 in mineralisiertem Wasser: *Löslichkeit von CO_2 in mineralisiertem Wasser = (Löslichkeit von CO_2 in reinem Wasser) · (CO_2 Löslichkeitsfaktor)*

15.4.7 Wassergehalt von CO_2

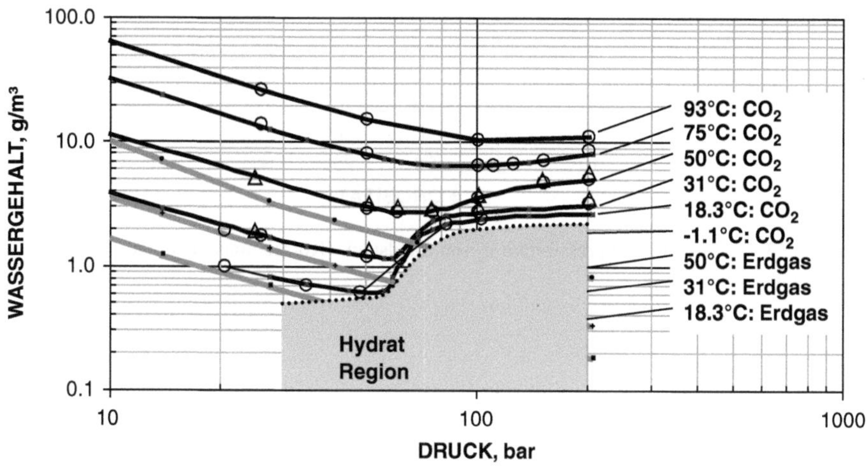

Abb. 15.26 Wassergehalt von CO_2. (Nach „Engineering Data Book" (1994): Linien, Song und Kobayashi (1987): Kreise, Wiebe (1941): Dreiecke)

15.5 Parameter von porösem Gestein

15.5.1 Porenraum-Kompressibilität c_f

Die für unterirdische Strömungsprozesse verwendete Kompressibilität des Porenraumes c_f ist definiert durch

$$c_f = \frac{1}{V_P} \frac{\partial V_p}{\partial_p} \bigg|_{\sigma = konst.} \tag{15.8}$$

und bezeichnet die Veränderung des Porenvolumens V_p mit dem Porendruck p des strömenden Mediums, wobei die äußere Gebirgsspannung σ konstant bleibt. Verfügbare Korrelationen und Messwerte von c_f sind unter Abb. 15.27 für verfestigten (consolidated), mürben (friable) und unverfestigten (unconsolidated) Sandstein und unter Abb. 15.28 für Kalkstein in Abhängigkeit von der Porosität angegeben.

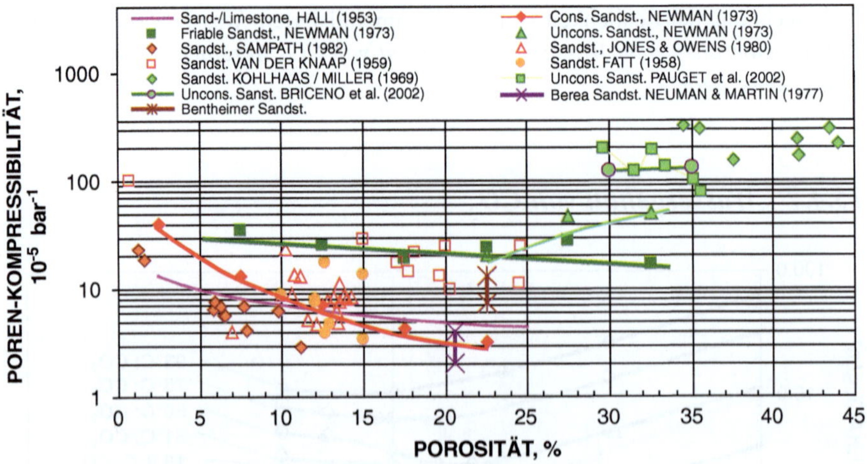

Abb. 15.27 Porenraum-Kompressibilität c_f von Sandstein. (Korrelationslinien nach Hall (1953) und Neuman (1973))

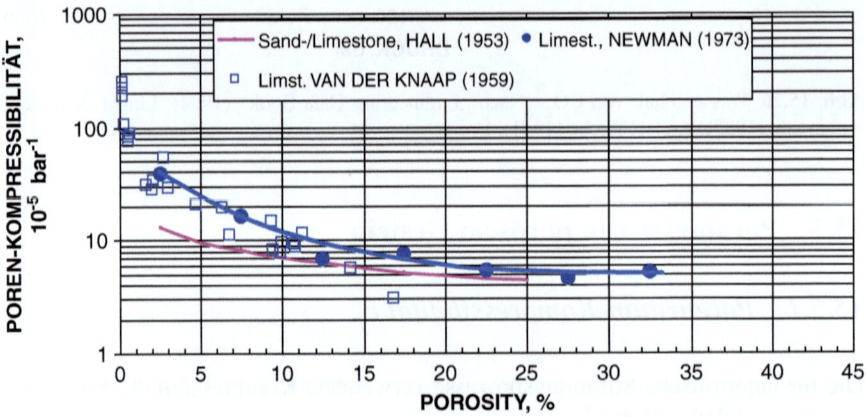

Abb. 15.28 Porenraum-Kompressibilität c_f von Kalkstein. (Korrelationslinien nach Hall (1953) und Neuman (1973))

15.5.2 Trägheitskoeffizient von porösem Gestein, „Turbulentkoeffizient", β_T

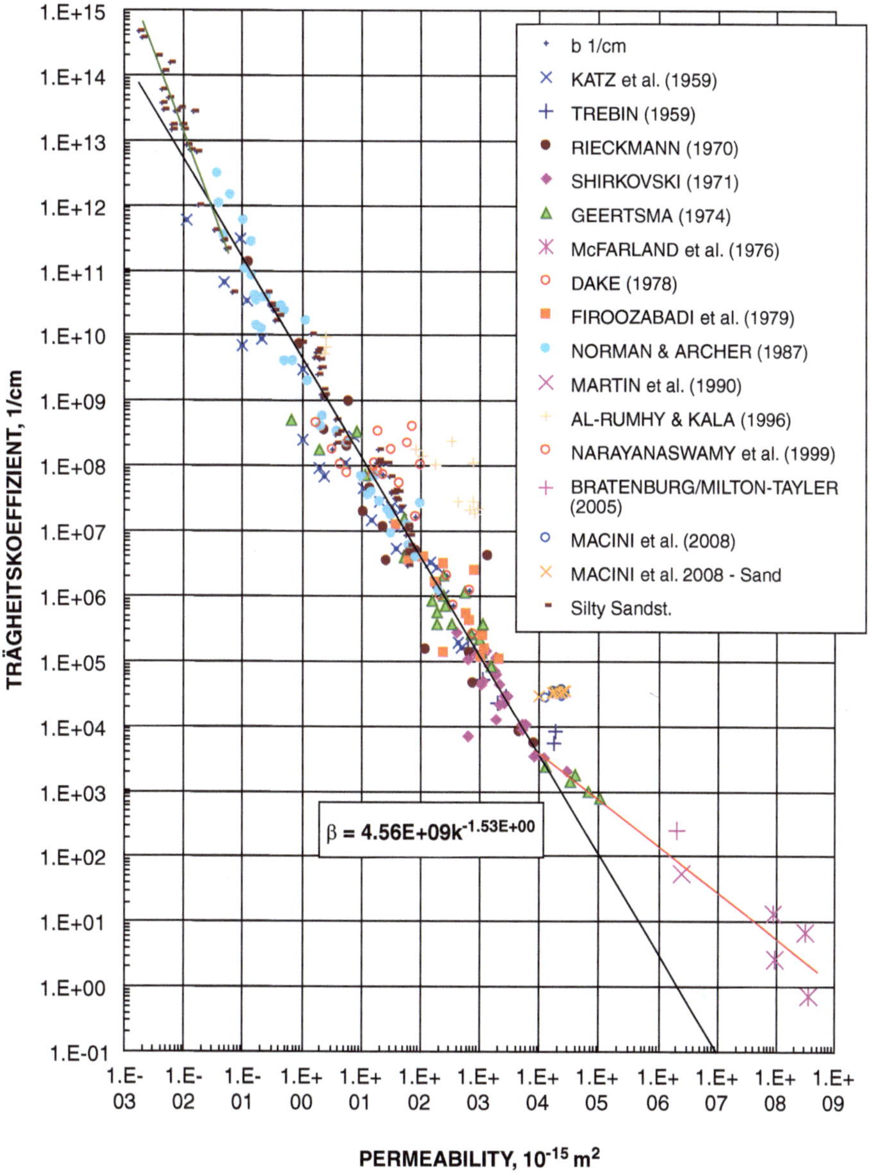

Abb. 15.29 Trägheitskoeffizient von porösem Gestein, „Turbulentkoeffizient", β_T

15.6 Obertägige Installation beim Bohrungstest

15.6.1 Mobile Teststation Öl

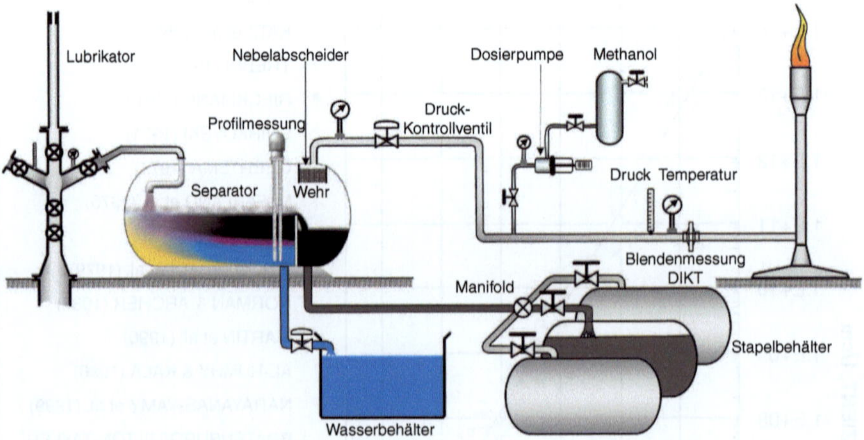

Abb. 15.30 Mobile Teststation Öl

15.6.2 Mobile Teststation Gas

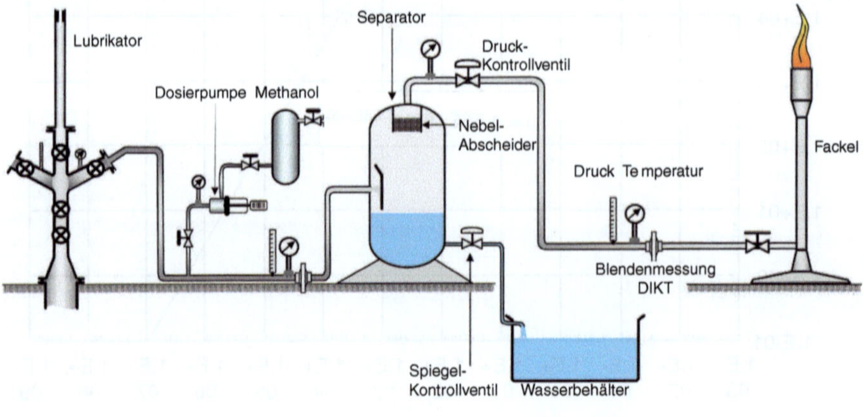

Abb. 15.31 Mobile Teststation Gas

15.6.3 Mobile Teststation zum Pumptest – Wasser

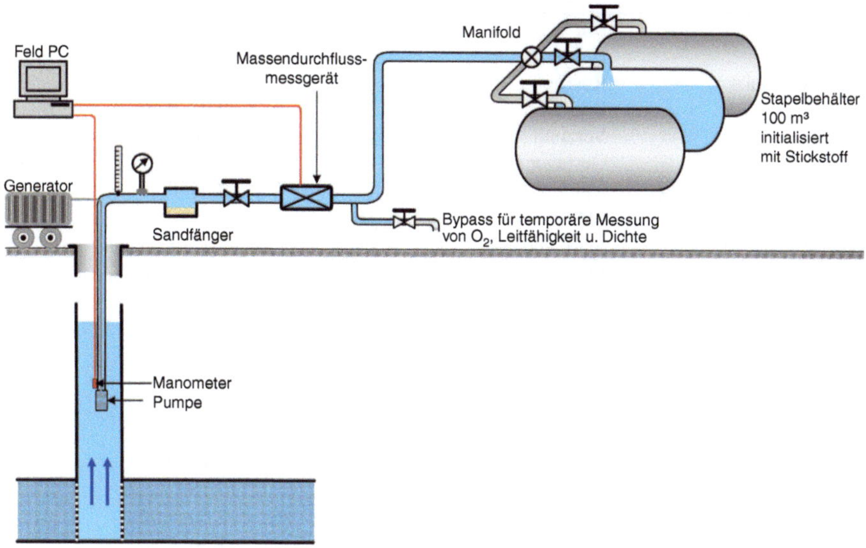

Abb. 15.32 Mobile Teststation zum Pumptest – Wasser

15.7 Parameter zur Strömung in Rohren

15.7.1 Moody-Diagramm

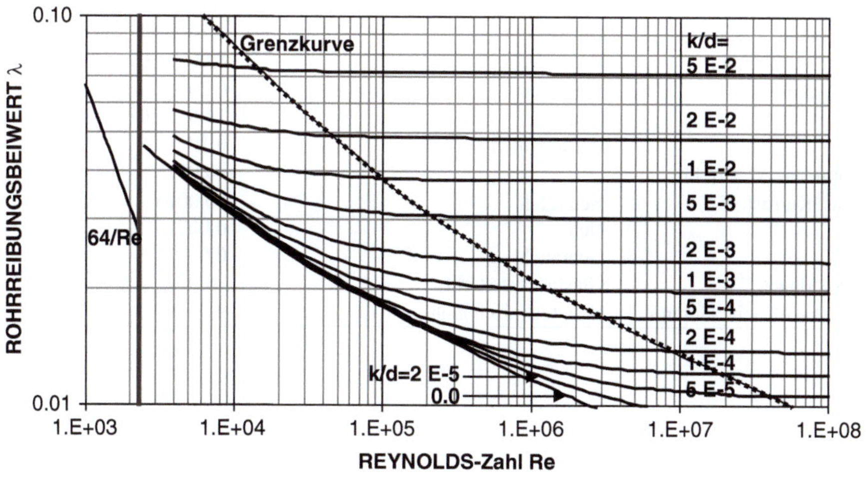

Abb. 15.33 Moody-Diagramm: Rohrreibungsbeiwerte für glatte und raue Rohre bei laminarer und turbulenter Strömung

15.7.2 Technische Rauhigkeiten für Rohre

Rohrart/Werkstoff	Zustand	Rauhigkeit k in mm
Stahlrohr neu,	Mit Walzhaut	0,02–0,06
gezogen,	Bebeizt	0,03–0,04
nahtlos gewalzt	Rostfrei	0,08–0,09
	Bitumiert	0,05–0,06
	Verzinkt	0,10–0,16
	Geringer Durchmesser	–0,10
Geschweißte Stahlrohre	Neu	0,05–0,40
	Mäßig verrostet	–0,30
	Stark verrostet	0,25–1,00
Stahlrohr neu,	Mit Walzhaut u. Schweißnaht	0,04–0,10
Blech geschweißt	Bitumiert	0,02–0,10
	Verzinkt	0,10–0,16
	Galvanisiert	0,008
Stahlrohr gebraucht	Stark verkrustet	2,00–4,00
	Leicht verkrustet	1,50
	Betrieb, mehrjährig	0,50
	Angerostet, geringe Ablagerungen	0,15–0,40
	Leicht angerostet	0,15
Gusseiserne Rohre	Stark angerostet	2,00–5,00
	Verkrustet	1,50–4,00
	Angerostet	1,00–1,50
	Leicht angerostet	0,30–0,80
	Neu, bitumiert	0,10–0,15
	Neu mit Gusshaut	0,20–0,60
Betonrohre	Neu, Raubeton	3,00–9,00
	Neu, rau	1,00–3,00
	Neu, glatt	0,30–0,80
	Glatt verputzt, mehrjähriger Betrieb	0,20–0,30
	Neu, Stahlbeton, geglättet	0,10–0,15
Steinzeugrohre	Neu, Ton, gebrannt	0,10–0,80
Backsteinkanäle	Gut verfugt	1,20–2,50
Bruchsteinkanäle	Unbearbeitet	8,00–15,00
Holzrohre	Neu, glatt	0,20–0,90
	Neu, rau	1,00–2,50
	Betrieb, mehrjährig	0,10
Rohre aus Al, Cu, Pb		–0,0015
Glas, Kunststoff	Neu, glatt	–0,0016
PE	Neu	0,007
PVC	Gebraucht	0,03
Epoxidharz	Glasfaserverstärkt	–0,029
Druckschläuche Gummi	Neu, technisch glatt	0,0016

Literatur

Beal C (1946) The viscosity of air, water, natural gas, crude oil and its associated gases at oil field temperatures and pressures. Trans AIME 165:94–112

Burnett ES (1923) Experimental study of the Joule-Thomson effect in carbon dioxide. Phys Rev 22:590–616

Caroll JJ (2003) Natural gas hydrates: a guide for engineers. Gulf Professional Publ. ISBN: 9780750675697

Carr N, Kobayashi R, Burrows D (1954) Viscosity of hydrocarbon gases under pressure. Trans AIME 201:270–275

Chew J, Connally CA Jr (1959) A viscosity correlation for gas-saturated crude oils. Trans AIME 216:23–25

Dodson CR, Standing MB (1944) Pressure-volume-temperature and solubility relations for natural gas-water mixtures. Drilling and Production Practices API S 173

Duan Z, Mao S (2006) A thermodynamic model for calculating methane solubility, density and gas phase composition of methane-bearing aqueous fluids from 273 to 523 K from 1 to 2000 bar. Geochimica et Cosmochimica Acta 70:3369–3386

Engineering Data Book (1994) Bd II, Revised. 10. Aufl. Gas Processors Suppliers Association, Tulsa

Enick RM, Klara SM (1990) CO_2 solubility in water and brine under reservoir conditions. Chem Eng Comm 90:23–33

Förster S, Köckritz V (1989) Aufschluss und Gewinnung flüssiger und gasförmiger Rohstoffe – Formelsammlung. TU Bergakademie, Freiberg

Hall HN (1953) Compressibility of reservoir rocks. Trans AIME 198:309–311

Katz DL, Cornell D, Kobayashi R, Poettmann FH, Vary JA, Elenbaas JR, Weinaug CF (1959) Handbook of natural gas Engineering. McGraw-Hill, New York

McCain WD (1990) The properties of petroleum fluids. Penn Well Publishing, Tulsa

Newman GH (1973) Pore-volume compressibility of consolidated, friable and unconsolidated reservoir rocks under hydraulic loading. J Pet Technol 25:129–134

Osif TL (1984) The effect of salt, gas, temperature, and pressure on the compressibility of water. SPE Paper 13174, Presented at the Annual Technical Conference and Exhibition, Houston, TX, 16–19 Sept.

Sage BH, Botkin DF, Lacey WN (1942) Joule-Thomson coefficient for two natural gases. Petrol Technol 216–220

Song KY, Kobayashi R (1987) Water content of CO_2 in Equilibrium with liquid water and or hydrates. SPE Formation Eval 500–508

Standing MB (1981) Volumetric and phase behaviour of oil field hydrocarbon systems. 9. Aufl. Society of Petroleum Engineers, Dallas

Standing MB, Katz DL (1942) Density of natural gases. Trans AIME 146:140–149

VDI-Wärmeatlas (2006) ISBN 10-3-540-25504-4, Springer, Berlin

Wiebe R (1941) The binary system carbon-dioxide-water under pressure. Chem Rev 29:475–481

Ergänzende und weiterführende Literatur

Als ergänzende und weiterführende Literatur zur Testinterpretation wurden einige Monographien aus dem deutschen, englischen und russischen Sprachraum nachfolgend angeführt.

Earlougher RC Jr (1977) Advances in well test analysis. SPE Monograph No 5, Richardson

Geohydrodynamische Erkundung von Erdöl-. Erdgas- und Grundwasserlagerstätten (1985) Wissenschaftlich Technischer Informationsdienst des ZGI, Jahrgang 26, Berlin

Horne RN (1995) Modern well test analysis. Petroway Inc, Palo Alto

Lee J, Rollins JB, Spivey JP (2003) Pressure transient testing. Soc Pet Eng, Bd 9, Richardson

Lee J, Wattenbarger RA (1996) Gas reservoir engineering. Soc Pet Eng, Bd 5, Richardson

Matthews CS, Russel DG (1967) Pressure build up and flow tests in wells. SPE AIME, Monograph, Dallas

Raghavan R (1993) Well test analysis. PTR Prentice Hall, Englewood Cliffs, New Jersey 07632

Strelsova TD (1988) Well testing in heterogeneous formations. Wiley, New York

Зотов ГА, Тверковкин СМ (1970) Газогидродинамические методы исследований газовых скважин. Издательство „НЕДРА“ Мосва

H.-D. Voigt, *Lagerstättentechnik*,
DOI 10.1007/978-3-642-21013-6,

Index

H.-D. Voigt, *Lagerstättentechnik*,
DOI 10.1007/978-3-642-21013-6

MIX
Papier aus verantwortungsvollen Quellen
Paper from responsible sources
FSC® C105338

If you have any concerns about our products,
you can contact us on
ProductSafety@springernature.com

In case Publisher is established outside the EU,
the EU authorized representative is:
Springer Nature Customer Service Center GmbH
Europaplatz 3, 69115 Heidelberg, Germany

Printed by Libri Plureos GmbH
in Hamburg, Germany